长胎不长肉的孕期营养餐单

王兴国 滕越 孙岗 著

中国妇女出版社

图书在版编目（CIP）数据

长胎不长肉的孕期营养餐单 / 王兴国，滕越，孙岗著. -- 2版. -- 北京 ：中国妇女出版社，2019.1
ISBN 978-7-5127-1653-7

Ⅰ.①长… Ⅱ.①王… ②滕… ③孙… Ⅲ.①孕妇－妇幼保健－食谱 Ⅳ.①TS972.164

中国版本图书馆CIP数据核字（2018）第242066号

长胎不长肉的孕期营养餐单

作　　者：王兴国　滕越　孙岗　著
责任编辑：陈经慧
封面设计：尚世视觉
责任印制：王卫东
出版发行：中国妇女出版社
地　　址：北京市东城区史家胡同甲24号　　邮政编码：100010
电　　话：（010）65133160（发行部）　65133161（邮购）
网　　址：www.womenbooks.cn
法律顾问：北京市道可特律师事务所
经　　销：各地新华书店
印　　刷：北京通州皇家印刷厂
开　　本：170×240　1/16
印　　张：16.75
字　　数：200千字
版　　次：2019年1月第2版
印　　次：2019年1月第1次
书　　号：ISBN 978-7-5127-1653-7
定　　价：49.80元

序言

PREFACE

《中国0~6岁儿童营养发展报告（2012）》指出，从胎儿期至出生后2岁的1000天，是决定其一生营养与健康状况的最关键时期。胎儿期是人生起跑的开端，无论是体格生长，还是智能发育，都将受益于母亲良好的营养和健康的生活。

孕期营养状况的好坏不但影响宝宝的发育，也对母亲本身有重要意义。妊娠期贫血、妊娠期糖尿病、妊娠高血压、产后肥胖等是很常见的问题，而它们都与孕期饮食营养息息相关。如何孕育健康、聪明的宝宝，又保持母亲健康和良好体形，是一个重要的话题。

关于孕期营养，目前常见的错误是饮食摄入过多或不平衡，导致孕期体重增长过多、过快，增加了患妊娠糖尿病、妊娠高血压的风险。与此同时，铁、钙、锌、维生素D等微量营养素缺乏也不少见，孕妇缺铁性贫血患病率居高不下就是例证。这说明普及孕期科学饮食、合理营养的知识任重道远。

〝长胎不长肉〞只是人们对孕期饮食营养的通俗理解，却蕴含着一个重要课题，即如何用较少的体重增长来保障胎儿良好的发育。显然，要实现这一点就离不开合理的饮食搭配。盲目、片面地〝增加营养〞或寄希望于多吃〝某种食物〞都是错误的。

很高兴看到我的三位大学同班同学对这一话题进行了深入且细致的探讨，并出版本书。他们各有侧重地从营养科普、美食制作和孕期营养咨询三个方面联合起来，牢牢把握饮食搭配这一核心原则，给孕妇手把手的具体指导。可以说，字里行间流露出他们对这一重要问题的深刻理解，体现了他们多年来在此领域的知识和经验积累，显示出他们为广大孕妇提供既科学又实用的营养解决方案的高超水平。因此，我有理由期待并相信广大读者能从中发现所期待的重要信息，并借此维护整个孕期的合理营养。

我衷心祝贺本书的出版，并为我的三位同学感到骄傲。

是为序。

于康

2013年1月23日于北京协和医院

前言

PREFACE

国务院办公厅《国民营养计划（2017—2030年）》指出，要降低孕妇贫血率、叶酸缺乏率、低出生体重儿和巨大儿出生率，要提高纯母乳喂养率，要开展生命早期1000天营养健康行动，包括孕前和孕产期营养评价与膳食指导，孕产妇营养筛查和干预，要继续推进农村妇女补充叶酸预防神经管畸形项目，积极引导围孕期妇女加强含叶酸、铁在内的多种微量营养素补充，降低孕妇贫血率，预防儿童营养缺乏。

孕期饮食营养的重要性怎么强调都不过分。自从我们推出“长胎不长肉”系列丛书以来，我们很高兴地看到越来越多的人重视孕期饮食营养，越来越多的读者喜欢我们这个系列，他们也对科学指导孕期膳食提出了更高的要求。在这期间，中国营养学会更新了《孕期妇女膳食指南》，对一些孕期饮食问题进行了更加细致的说明，比如，强调了监测体重合理增长、建立科学膳食结构、合理进行营养补充等。

在此基础上，我与北京海淀区妇幼保健院的滕越医师、中山大学附属第七医院营养科孙岗主任一起，遵照有关指南确立的孕期妇女饮食原则，推出《长胎不长肉的孕期营养餐单》第二版，主要提供适用于不同孕期的食谱以及孕期菜肴的制作方法，毕竟几乎所有关于孕期饮食营养的理论最终都要通过食谱或菜肴来落实，饭碗和餐盘才是保障孕期营养的终极手段。

我们继续上一版确立的3个独特原则，以使我们推出的这本孕期食谱书与众不同。

首先，所有餐单或菜谱都不能背离孕期膳食结构的整体搭配。

其次，尽量立足于家庭烹调，简单方便，易于制作。

最后，可能也是最令人心动的，即所有食谱不但美味，且能兼顾各地饮食特色。

我知道，很多孕妇都想尽力吃得好一些，找一些比较健康的食物或菜肴来吃，但由于大多数人的饮食都太局限于一时一地的习惯和风俗，未能看到或借鉴其他更多地区的菜肴或烹调方法，结果不少孕妇每天都在为做什么菜肴而发愁，单调、重复是他们餐桌的真实写照。其实，随着经济发展，各个地区的食材互通有无，购买不难，只要能摆脱地域或饮食习惯的局限，孕期食谱也可以丰富多样。期望本书能够帮助读者突破局限，让孕妇吃得合理，吃得健康，吃得开心。

王兴国

2018年5月1日于大连

目录
CONTENTS

第一章　做好准备

第二章　孕早期每日营养配餐

第三章　孕中期每日营养配餐

第四章　孕晚期每日营养配餐

附 录

第一章 做好准备

大家都知道，孕妇饮食营养对胎儿生长发育至关重要。当准妈妈确定自己怀孕之后，在饮食方面要把握食物数量，还要抓住饮食重点，有针对性地提高孕期饮食供给。要记住科学调配孕期食谱的四项基本原则：

- 餐餐都要有主食，粗细搭配。
- 餐餐都要有蛋白质食物，即鱼、肉、蛋、奶，以及大豆制品。
- 餐餐都要有新鲜蔬菜。
- 控糖、少盐、少油、不喝酒。

为了让读者更好地理解我们给出的餐单，并且能够举一反三，我们要先介绍一下孕期饮食的关键问题。把握住这些关键问题，就为理解、使用和拓展孕期餐单做好了准备。家庭厨房充满了乐趣，无论夫妻哪一方站在灶台前都是伟大的，能满足一家人的营养需求是一件多么成功的事情。

孕期膳食宝塔，把握食物数量

非常重要的是，科学调配饮食应该从备孕时开始。备孕是指育龄妇女有计划地怀孕，并为优孕做必要的前期准备。备孕妇女的营养状况直接关系着孕育和哺育新生命的质量，并对妇女及其下一代的健康产生长期影响。健康的身体状况、合理膳食、均衡营养是孕育新生命必需的物质基础，准备怀孕的妇女应使健康与营养状况尽可能达到最佳状态后再怀孕。备孕期间应该采用多样化平衡饮食，每天大致的食物数量如图1所示。备孕阶段膳食宝塔由中国营养学会妇幼分会制订，图左侧是备孕妇女的膳食指南，右侧是每天各类食物参考的重量，是指可食用部分的生重平均值。

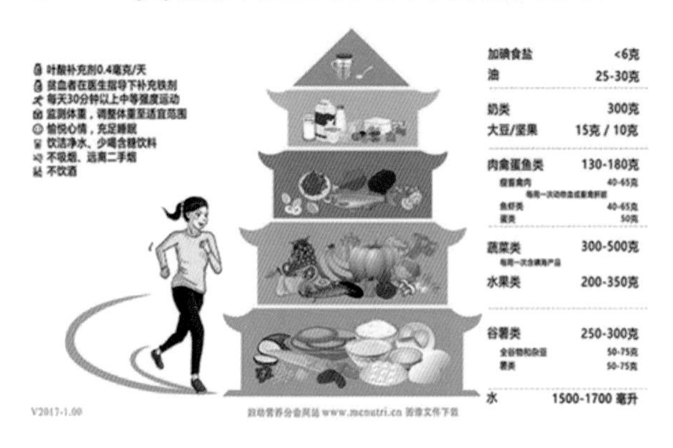

图1

在孕育新生命的280天中，胎儿生长发育所需的营养物质都直接来源于准妈妈的血液，间接来源于准妈妈的饮食。孕妇饮食营养对胎儿生长发育至关重要。因此，准妈妈确定自己怀孕之后，最想知道的问题之一就是：每天要吃多少食物才能满足胎儿的营养需要？

孕早期（0～3个月或0～12周）胎儿生长相对缓慢，对能量和各种营养素的需要量也无明显增加，应维持备孕期的平衡膳食，无须额外增加食物摄入量，以免使孕早期体重增长过快。如果早孕反应严重，可少食多餐，选择清淡或适口的膳食，保证摄入含必要量碳水化合物的食物，以预防酮血症对胎儿神经系统的损害。

孕中期开始，胎儿生长速度加快，各种营养素需求大增，应该在孕前（备孕）膳食的基础上，增加奶类、动物性食物（鱼、禽、蛋、瘦肉）等。虽然每个孕妇的情况有所不同，胎儿之间也有一定差异，但仍然有一个大致的食物数量可以推荐。孕中期（4～6个月或13～27周）和孕晚期（7～9个月或28～40周）每天各类食物参考摄入量见图2。该膳食宝塔由中国营养学会妇幼分会制订，图左侧是孕期妇女的膳食指南，右侧是孕中期和孕晚期每天各类食物参考的重量，是指可食用部分的生重平均值。

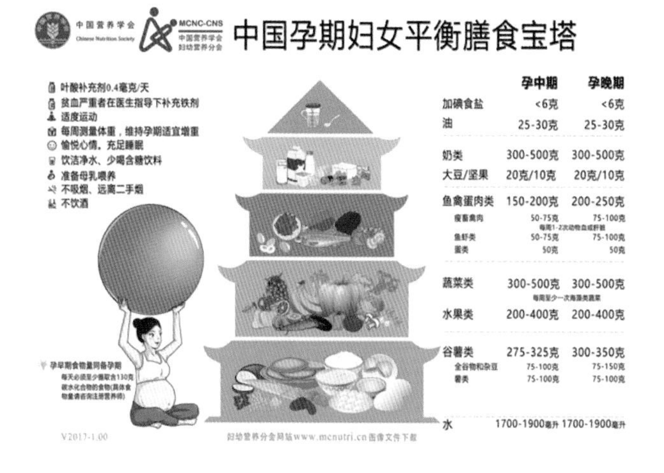

图2

必须强调的是，上述膳食宝塔中各类食物的数量只是大致参考，并不是每个孕妇都必须照做的绝对数值。比如，怀孕之前肥胖的孕妇就应该少吃一些，而怀孕之前偏瘦的孕妇则应多吃一些。那么，孕妇如何才能知道上述推荐量是否适合自己呢？核心的方法是监测自身体重的变化，使孕期体重增长保持在正常范围。具体方法请参阅本章最后一节内容。

十大类食物，把握食材重点

日常食物有千百种之多，但根据其营养特点，大致可以分为十大类，即主食（谷类、薯类和杂豆）、蔬菜、水果、蛋类、鱼虾类、畜禽肉类、大豆制品、坚果、奶制品和食用油。此外，还有水、盐及各种调味品。这些食物类别也构成了上述膳食宝塔。了解它们是非常重要的，不但有助于实现合理的孕期膳食结构，还能抓住饮食重点，有针对性地提高孕期营养供给。

1 主食

主食指谷类，如大米、面粉、玉米等，但又不限于谷类，还包括杂豆类，如绿豆、红豆、扁豆等，以及薯类，如红薯、马铃薯、芋头等。它们共同的特点是含有大量淀粉，也提供少量蛋白质、B族维生素和膳食纤维等。主食构成了每日膳食结构的基础。主食吃得好不好对健康有重要影响。如何提高主食的营养价值，是孕期食谱关注的重点之一。

要讲究粗细搭配

细粮主要指白米、白面制品，粗粮则种类繁多，如小米、玉米、高粱、黑米、荞麦、燕麦等。所谓粗杂粮，也包括全麦粉和糙米，还包括绿豆、红豆、芸豆、饭豆、扁豆等杂豆类（图3）。有时候，薯类也可作为粗粮。

图3

粗粮营养价值比细粮更高，且具有稳定血糖、调节血脂、促进排便的重要作用。所以孕期膳食指南建议，粗粮应该占主食的1/3以上。对于血糖异常、体重增长过快或便秘的孕妇，粗粮比例还应更高一些，可占全天主食的50%或更多。因此，本书给出的餐单或食谱几乎每天都会提及各种粗粮。这可能会让长期以精米、白面为主食的读者不太习惯，但提高粗粮比例的确是一个重要命题。

谷类与其他食物混合食用

要在主食类食物中引入蛋类、肉类、鱼类、大豆、蔬菜等，混合烹制各种面条、鱼片粥、瘦肉粥、蛋炒饭、豆浆、米饭、豆面玉米饼、蔬菜包子、水饺、馄饨等。谷类与其他食物搭配食用，可以发挥蛋白质互补作用，提升每餐的营养价值。任何时候，哪怕是在加餐时，都应该避免单纯只吃谷类食物，如面包、饼干、米粥、酥饼、方便面等。

条件允许的家庭，可选用强化面粉或强化大米

强化面粉，即在面粉中加入铁、钙、锌、维生素B_1、维生素B_2、叶酸、烟酸以及维生素A等营养素，在很多超市均可买到。强化面粉的外观、味道与食用方法与普通面粉完全相同。与之类似的还有强化大米。在这些强化食品的包装上都印有专门的标识（图4），很容易辨识。强化食品的营养价值更高，安全可靠，对预防孕期缺铁性贫血有益。

图4

② 蔬菜

根据中国营养学会孕妇膳食宝塔的建议，孕妇每天应摄入300克～500克蔬菜，这一推荐值与普通人相同。孕妇选择蔬菜时应特别注意以下几类蔬菜。我们设计孕期餐单的时候，也正是以它们为主的。

增加绿叶蔬菜和红黄色蔬菜的摄入

不同种类的蔬菜（图5），营养价值有差异，其中绿色叶菜的营养价值堪称最高，富含叶酸、维生素C、胡萝卜素、维生素K、钾、膳食纤维

图5

等，亦能提供部分钙、镁、锌、B族维生素等。除绿叶蔬菜之外，红黄颜色或紫色等深色蔬菜的营养价值也普遍高于浅色蔬菜。所以孕期妇女膳食指南建议，在孕妇每天摄入的蔬菜中，绿叶蔬菜和红黄色蔬菜应该占2/3以上。

常见绿叶蔬菜有菠菜、油菜、生菜、韭菜、苦菊、茼蒿、小白菜、空心菜、菜心、西蓝花等。红黄颜色蔬菜有彩椒、西红柿、胡萝卜、南瓜等。其他深色蔬菜有蒜薹、荷兰豆、四季豆、豇豆、苦瓜、茄子、紫甘蓝等。

每周吃一两次海藻类蔬菜

海带、裙带菜、紫菜等海藻类食物富含碘。碘是合成甲状腺激素不可缺少的微量元素，碘缺乏可引起甲状腺激素合成减少，甲状腺功能减退，进而影响新陈代谢及蛋白质合成，并对儿童智力发育造成不可逆的损伤。世界卫生组织（WHO）估计缺碘造成儿童智力损失5～20 个智商（IQ）评分，国内估计儿童智力损失10～15个百分点。

中国营养学会备孕妇女膳食指南和孕期妇女膳食指南都强调，应选用碘盐，吃含碘丰富的食物。每日摄入加碘盐不超过6克，每周再摄入1次富含碘的食物，如海带、紫菜、贻贝（淡菜），以增加一定量的碘储存。

■ 增加食用菌的摄入

食用菌包含了数百种形态各异、味道不同的食物，如木耳、银耳、香菇、平菇、金针菇、滑子菇、草菇、花菇、茶树菇、竹荪、杏鲍菇、牛肝菌、松茸、羊肚菌等。它们能提供维生素B_1、维生素B_2、维生素K、维生素D、钙、钾、铁、锌和硒等。其中最为独特的是维生素D，这是其他蔬菜都不能提供的。食用菌含有较多核苷酸、嘌呤等鲜味物质，故而味道鲜美，适合煲汤、炖煮、炒制等，甚至用于调味。此外，大部分食用菌均有干品，便于储存，泡发后即可进行烹调，十分方便。

为减少蔬菜农药残留的隐患，蔬菜在食用前要仔细清洗，尽量用开水焯一下再烹调。另外，蔬菜力求新鲜，最好当餐吃完，不要吃剩菜，以避免亚硝酸盐过多。

③ 水果

孕妇每天吃水果不宜太多。根据中国营养学会孕妇膳食宝塔的建议，孕期吃水果以每天200克～400克为宜，大概相当于1～2个苹果（中等大小）、2根香蕉（中等大小）。

有不少孕妇错误地相信“多吃水果对孩子皮肤好”等毫无根据的说法，大量吃水果，导致饮食不均衡或能量摄入过多及血糖不稳定等。

水果要在饭前吃还是饭后吃？这个问题也困扰了很多人。其实，吃水果无须刻意在乎时间，饭前、饭后或者吃饭时吃水果都是可以的。但是，在设计孕期食谱的时候，水果常作为加餐在两餐之间食用。孕期每天除早、中、晚3次正餐外，还要有1～2次加餐。水果既方便又营养，无疑是最适合用于孕期加餐的食物。

像其他类别的食物一样，水果也应该尽量多样化一些。各种既美味又营养的水果应成为孕期餐单的重要角色之一。在我们设计的餐单中，将介绍20余种水果。为减少可能的农药残留和对涂抹包装蜡的担心，建议尽量将水果削皮后食用。

④ 蛋类

根据中国营养学会孕妇膳食宝塔的建议，孕妇每天吃1个鸡蛋（大约50克），或重量大致相当的其他蛋类，如鸭蛋、鹅蛋、鹌鹑蛋等均可。当膳食结构中鱼类、肉类或奶类不足时，还可以增加蛋类（如每天食用2～3个鸡蛋）来弥补。

蛋类既可以与蔬菜搭配，也可以独立烹调，非常简便易行。

⑤ 畜禽肉类

畜肉（如猪肉、牛肉、羊肉等）和禽肉（如鸡肉、鸭肉等）是优质蛋白、脂类、维生素A、维生素B_1、维生素B_2、维生素B_6、维生素B_{12}、铁、锌、钾、镁等营养素的良好来源，因而也是孕妇平衡膳食的重要组成部分。完全没有肉类（包括鱼、虾）的食谱不适合孕妇，除非有专业人员指导并补充相关营养素。

根据中国营养学会孕妇膳食宝塔的建议，孕妇在孕早期平均每天应吃畜禽肉类40克～65克，孕中期每天吃50克～75克，孕晚期每天吃75克～100克。为了补充铁，孕期膳食指南还建议每周吃1～2次动物血液或肝脏。

在畜肉中，我们建议增加牛肉比例，减少猪肉比例，前者脂肪更少，营养更佳，因此将经常出现在本书设计的餐单中。

另外，动物内脏，如猪肝、羊肝、鸡肝、猪血、鸭血、羊血等不宜多吃，每周1～2次，每次25克～50克即可。当然，如果孕妇出现缺铁性贫血，或者食谱中畜禽肉类和鱼虾严重不足，那么就要增加动物血液或肝脏的摄入量。需要注意的是，这里推荐的内脏只包括肝脏和血液，不推荐肠、肚、肾脏（腰子）、肺等，因为这些内脏的补铁、补血作用较差，食品安全风险较高。

⑥ 鱼虾类

鱼虾类的营养价值比畜禽肉类更胜一筹，尤其是它们含有独特的ω－3型多不饱和脂肪酸，即DHA和EPA，可以促进胎儿大脑和视神经的发育。孕期膳食宝塔建议，孕早期平均每天摄入鱼虾40克～65克，孕中期平均每天摄入50克～75克，孕晚期平均每天摄入75克～100克。

图6

随着生活水平的提高，鱼虾或水产品在绝大部分地区都很容易买到（图6）。当然，各地食用鱼虾的习惯和品种有所不同，比如，内陆地区以淡水鱼为主，沿海地区则以海水鱼为主。很多经济较发达的地区，淡水鱼、海水鱼虾都很多见，大型超市里有各种鲜活水产品或冰鲜的鱼虾，即使经济欠发达地区，也很容易在超市或农贸市场的干货区买到鱼干、虾干、扇贝丁等。这些都是增加鱼虾摄入的可行途径。孕妇不论生活在什么地区，都要尽可能地提高鱼虾摄入量。在本书设计的餐单中，几乎每天都会有鱼虾类食物。

⑦ 大豆制品

大豆包括最常见的黄大豆（黄豆），以及不太常见的黑大豆和青大豆，但并不包括绿豆、红豆、扁豆、芸豆等杂豆类。大豆制品本来是中国人餐桌上的传统食物，但近些年消费量呈下降趋势，这是很可惜的。

大豆制品的营养价值很高，是优质蛋白、磷脂、钙、锌、B族维生素、维生素E、膳食纤维等营养素的重要来源。中国营养学会孕妇膳食宝塔建议，孕妇在孕早期平均每天应食用25克大豆（或相当的大豆制品和坚果），孕中期和孕晚期平均每天应食用30克大豆（或相当的大豆制品和坚果）。相当于30克大豆的大豆制品有豆腐150克、豆腐干60克、腐竹20克、豆腐脑500克、豆浆600克等。

对于肉类或鱼虾摄入量不足的孕妇，应该增加大豆制品的摄入。如果必须用哪种食物代替部分肉类或鱼虾的话，那就非大豆制品莫属了。

⑧ 坚果

坚果富含蛋白质、多不饱和脂肪酸、脂溶性维生素和微量元素，且与大豆有很多相似之处，所以孕期妇女膳食指南把两者合并推荐。常见的坚果有花生、西瓜子、葵花子、核桃、开心果、松子、杏仁、腰果、南瓜子、榛子等（图7）。市面上有时还可以买到不太常见的坚果，如夏威夷果（澳洲坚果）、鲍鱼果、山核桃（小胡桃）、长寿果等。它们大多会出现在本书餐单中。

图7

不过，坚果也不是多多益善，因

为多数坚果含有大量脂肪，如花生含脂肪45%，葵花子含脂肪50%，核桃含脂肪60%，松子含脂肪70%。我们认为，孕妇每天食用坚果10克～20克，或每周75克～150克（去壳净重）比较适宜。如此说来，坚果是特别适合孕妇用于加餐的零食，在我们设计的每日餐单中的加餐总离不开坚果。

⑨ 奶类

奶类是哺乳动物专门用来喂养下一代的“专利产品”，营养素种类齐全、含量丰富、比例适当、易于消化吸收，营养价值极高。尤其是钙含量多，吸收率高，可以满足胎儿生长发育所需的大量的钙。中国营养学会孕妇膳食宝塔建议，孕妇在孕早期每天应喝奶300克，孕中期和孕晚期每天应喝奶300克～500克。

市面上奶类产品多种多样，纯牛奶、鲜牛奶、巴氏牛奶、早餐奶、酸奶、风味酸奶、低脂牛奶、低乳糖牛奶、奶酪、全脂乳粉、脱脂乳粉、孕妇乳粉、炼乳等均适合孕妇，孕妇可根据自己的喜好选用。当孕中期和孕晚期每日饮奶量达到500克或者体重增长过快时，宜全部或部分选择低脂牛奶或脱脂奶粉，以避免摄入过多脂肪。当发生乳糖不耐受（即饮用普通牛奶后腹胀、不适或腹泻）时，建议选用酸奶、奶酪或低乳糖牛奶。条件允许时，建议选用孕妇专用奶粉。

奶类既可以用于早餐，又很适合孕妇加餐饮用。不过，在任何时候都不推荐孕妇选用各种牛奶饮料，如果粒奶优、营养快线等，尽管它们常常以假乱真，且十分流行，但它们的营养价值很低，蛋白质含量通常只有1%左右，远远低于普通牛奶（普通牛奶中的蛋白质含量≥2.9%）。

⑩ 食用油

食用油用于烹调食物，故又称“烹调油”。虽然食用油也提供一些营养素，如必需脂肪酸（亚麻酸和亚油酸）和维生素E等，但食用油的主要作用是提供能量以及烹制食物时使其美味好吃。中国营养学会孕妇膳食宝塔建议，孕妇每天宜摄入食用油25克～30克。这一推荐数量明显低于目前食用油的实际摄入量。调查显示，城市居民平均每人每天摄入44克烹调油，因此，孕妇需要减少食用油摄入量，以避免能量和脂肪过多，尤其是那些孕前肥胖或孕期体重增长过快的孕妇，“减油”非常重要。

控制食用油摄入量对孕期饮食很重要。首先，要避免油炸、过油等烹调方法，多选择清淡的菜肴；其次，即使是炒菜或炖菜，也要注意少放油；最后，尽量不要食用添加大量食用油的加工食品，如油条、麻花、油饼、葱油饼、抛饼、方便面、饼干、油炸类面包、蛋黄派及巧克力派等小零食。

为了改变食用烹调油过量的习惯，并真正控制住烹调油的食用量，我们建议每个家庭都使用带刻度的油壶，定量用油。

除数量要合理外，食用油的品种也要多样化。孕妇应经常更换烹调油的种类，食用多种植物油。因为不同来源的植物油中各种脂肪酸含量不同，要想获得全面合理的脂肪酸，就必须使食用油多样化。

目前超市里售卖的植物油种类很多，根据营养特点，它们大致可分为三类：第一类是大豆油、花生油、菜籽油、玉米油、葵花子油等以亚油酸为主的植物油；第二类是油茶子油（山茶油）和橄榄油等以油酸为主的植物油；第三类是亚麻籽油（亚麻油）和紫苏油等以亚麻酸为主的植物油。其他还有芝麻油、核桃油、南瓜子油等。孕妇食谱应包括以上各类植物油，交替或混合食用。

除上述十大类食物外，孕期饮料应以白开水为主，外出不方便时可以买矿泉水喝，尽量少喝饮料，尤其是含咖啡因的碳酸饮料、咖啡以及含酒精的饮料。茶水也不在推荐之列。方便面、饼干、蛋黄派、火腿肠等方便食品大多添加大量油脂、糖、食盐以及色素、香精、甜味剂等食品添加剂，故大多数不适合孕妇食用。

四个基本原则，科学调配孕期食谱

了解孕期十大类食物之后，有些孕妇可能仍会发愁，如何才能使看起来都很重要的每一种食材落实到一日三餐中呢？如何才能做到品种齐全、数量也合理呢？关键是掌握孕期配餐的四个基本原则。

1 餐餐都要有主食，粗细搭配

这既符合均衡饮食的基本要求，又符合中国人的饮食传统。不过，现在的问题是主食普遍过于精细，餐桌基本被白米饭、白馒头占据，缺少粗粮。孕妇主食应增加粗粮，粗细搭配，如二米饭、红豆饭、绿豆饭、小米粥、杂粮粥、玉米饼、燕麦片、全麦馒头、全麦面包、全麦面条等。

另一个常见的主食问题是添加过多食用油。大米、面粉、杂粮、杂豆等主食类食物本身含脂肪极少，口感平淡无味，所以有时要添加食用油、糖或其他物质，增加脂肪和糖，并获得香味、甜味和诱人口感，如油条、麻花、油饼、葱油饼、抛饼、方便面、饼干、某些面包、蛋黄派及巧克力派等。这些食物不符合孕期饮食控制食用油的要求，应该少吃。

② 餐餐都要有蛋白质食物，即鱼、肉、蛋、奶和大豆制品

蛋白质是孕期最重要的营养素，孕妇需要更多的蛋白质。与未怀孕时相比，孕早期、孕中期和孕晚期分别需增加10克、15克和30克蛋白质。所以，鱼、肉、蛋、奶、大豆制品等高蛋白食物对孕妇特别重要。更为重要的是，这些高蛋白食物往往也富含其他重要营养素，如钙、铁、锌、维生素A、B族维生素等。因此，孕妇配餐时要紧紧抓住蛋白质食物这个核心。

蛋白质在身体内无法储存，且从食物蛋白质消化吸收而来的氨基酸在血液中只停留4～6小时，之后便转化为其他物质。要使胎儿得到最佳的氨基酸（蛋白质）供给，三餐都摄入蛋白质是很好的策略。因为胎儿发育速度非常快，日新月异。孕期的营养供应和膳食平衡应该按“一日”来建立。

一般地，早餐可以用奶制品、蛋类、大豆制品等提供优质蛋白质；午餐和晚餐可以用畜禽肉类、鱼虾类、蛋类、大豆制品等提供蛋白质。加餐则可选用奶类、坚果类等提供蛋白质。

③ 餐餐都要有新鲜蔬菜

蔬菜是孕期食用量最多的食物之一，其维生素、矿物质和膳食纤维含量十分丰富，且能量很低，具有很高的健康价值。因此，建议孕妇每餐都要有蔬菜。蔬菜品种也很关键，绿色叶菜首当其冲，应该作为餐桌蔬菜主力。红黄颜色或紫色蔬菜的营养价值也不错，可作为绿色叶菜的补充。食用菌非常独特，可使餐桌蔬菜更丰富多样。

④ 控糖、少盐、少油、戒酒

根据世界卫生组织（WHO）的建议，孕妇每天摄入的糖不应超过50克，最好少于25克。糖几乎是“空热”，只有热量而没有营养价值。吃糖（甜食、饮料等）太多会导致孕期体重增长过快，对防范妊娠糖尿病也很不利。

食盐摄入量过多则可能导致孕妇血压升高。孕期妇女膳食指南建议，每天摄入食盐不要超过6克。

食用油摄入过多会导致孕期体重增长过快，对血脂也可能有不利影响。孕期妇女膳食指南建议，每天烹调油不要超过25克～30克。

所有孕妇，包括备孕期间的女性都应该戒酒。酒精可导致内分泌紊乱，造成精子或卵子畸形，受孕时形成异常受精卵；影响受精卵顺利着床和胚胎发育，导致流产；酒精还可造成胎儿宫内发育不良、中枢神经系统发育异常、智力低下等。

怀孕前夫妻双方或一方经常吸烟可增加下一代发生畸形的风险。每天吸烟10支以上者，其子女发生先天性畸形的风险增加2.1%；男性每天吸烟30支以上者，畸形精子的比例超过20%，且吸烟时间愈长，畸形精子愈多，停止吸烟半年后，精子方可恢复正常。

除上述四条原则外，加餐（零食）对孕妇也十分重要。坚果类、酸奶、牛奶、奶酪、新鲜水果或果汁、蔬菜或蔬菜汁、全麦制品等都是很好的加餐食物。而高脂肪、高能量、高添加剂的饼干、蛋黄派、方便面、薯条、薯片、膨化食品、油炸零食以及碳酸饮料等则不宜选用。

当孕妇饮食难以达到平衡膳食要求时，适当服用营养素补充剂是必要的。钙、铁、锌、叶酸、B族维生素、维生素D等是孕期容易缺乏的营养素。有时候即使食谱尚好，为了确保营养素充足，也要服用营养素补充剂，比如叶酸。关于如何使用营养素补充剂，请参阅《长胎不长肉》第二版修订（王兴国、滕越著，中国妇女出版社，2019年出版）。

了解调味品，烹制出健康美味

烹调离不开调味品。一道菜是否好吃，调味品往往能起到关键作用。目前市面上调味品五花八门，形形色色。但本书孕期餐单所用调味品因繁就简，一来便于家庭烹调，二来也降低食品安全风险。

① 食盐

根据国家有关政策，食盐是由盐业公司统销的，且强制加碘。加碘盐是孕妇摄入碘的主要来源。根据孕期膳食指南的建议，孕妇每天宜摄入食盐6克。除烹调菜肴直接添加的盐外，味精、鸡精、酱油、酱类、食用碱、醋等含盐或含钠的食物亦包括在6克之内。而目前城市居民人均食盐摄入量在10克左右，超过6克。所以，孕妇要注意限制食盐摄入量。如何才能做到呢？

我们推荐选用低钠盐（图8）。顾名思义，低钠盐就是指钠（氯化钠）含量相对比较少的食盐，即用氯化钾和氯化镁代替一部分氯化钠的食盐，使食盐中钠含量降低25%左右，但咸度基本不变。目前，在一些大型超市，可以很容易地买到低钠盐（低钠盐也是加碘的）。低钠盐里含有较多的钾和镁，对绝大多数孕妇也是有益的，但肾功能不全的孕妇则应避免选用。

图8

不论是否使用低钠盐，养成清淡的饮食习惯都是关键。用酱油、酱料、蚝油、味精、鸡精等含盐或钠的调料后，要减少或避免使用食盐。烹调时不要早放盐，而是等菜肴出锅前再放，这样食盐集中在食物表面，舌上味蕾会感受到较强的咸味。避免吃咸的食物佐餐，如咸菜、榨菜等。

② 酱油

酱油在广东也称为豉油。酿造酱油是以大豆（或脱脂大豆）、小麦（或麸皮）为原料经微生物发酵制成的，含有食盐、氨基酸、糖类、有机酸、色素及香料等成分。还有一类酱油是“配制酱油”（产品标准SB 10336-2000），是用植物蛋白水解处理所得的氨基酸液为主要原料制造而成，其营养价值不及酿造酱油，安全隐患更多，我们建议孕妇选用酿造酱油（产品标准GB 18186-2000）。

酿造酱油按质量由高到低分为特级、一级、二级和三级共四个等级。区别它们的一个重要质量指标是氨基酸态氮，代表着酱油的鲜味程度。特级酱油氨基酸态氮要求≥0.8克/100毫升，而三级酱油要求≥0.4克/100毫升。因此，选购酱油应选择氨基酸态氮含量较高的。

酱油一般有生抽和老抽两种。生抽颜色比较淡（红褐色），味道较咸，主要用于烹调提鲜，如普通炒菜；老抽颜色比较深（加入了焦糖色，呈棕褐色），味道咸中带甜，一般用来给食品着色用，如红烧类菜肴。本书餐单中经常使用的是生抽。因为生抽本身具有提鲜的作用，有些酱油产品甚至还添加了鲜味剂、味精等增鲜，所以建议使用生抽烹制菜肴后就别再使用味精、鸡粉了。此外，生抽含有较多食盐，一般5毫升生抽大致相当于1克食盐，如果菜肴用酱油，应减少食盐用量。

酱油产品的种类有很多，如蒸鱼豉油更适合烹制鱼类；豉油鸡汁更适合烹制鸡肉；日本酱油更适合蘸食寿司；豆捞酱油是火锅豆捞的绝佳配料。最值得推荐的是加铁酱油（铁强化酱油），它是按照国家标准和相关管理部门的要求加入了EDTA铁钠（乙二胺四乙酸铁钠），有助于防治缺铁性贫血，特别适合孕期食用。加铁酱油在标签上印有特殊标识。

③ 醋

醋的主要成分是醋酸，在烹调中主要提供酸味。醋按加工工艺可分为酿造醋、配制醋和调味醋（如水果醋）；按颜色可分为黑醋（陈醋）和白醋（米醋）；按原料分为白米醋、糯米醋、酒精醋和水果醋。还有很多地域特色产品，如山西老陈醋、镇江香醋等。

醋的味道主要由其酸度决定，但原料、酿造工艺也对风味有很大影响。比如著名的山西老陈醋，不仅酸度高（有些≥6.0），而且原料和工艺与普通醋不同，风味独特。消费者可以根据自己的口味偏好来选择醋，但我们建议选用酿造醋（产品标准GB 18187-2000），而不是配制醋（产品标准SB 10337-2000）。酿造还是配制一般在产品标签上均有注明。

④ 豆豉

豆豉是一种在长江以南一些地区广为使用的调味品。它是以黑大豆或黄豆为主要原料，利用毛霉、曲霉等发酵作用加工而成的。豆豉为传统发酵豆制品，营养丰富，颗粒完整，颜色乌黑发亮，松软即化，不但作为调料，也可直接蘸食，古人还曾经把豆豉入药。豆豉以产于阳江者即阳江豆豉最为有名，历史悠久，口味众多。

豆豉既能给菜肴增香添色，又能刺激食欲，只要放进少许，就能使菜肴别有一番风味，特别适合蒸鱼、肉、排骨和炒菜。不管做什么菜，加一勺豆豉，或可化腐朽为神奇，适合食欲变化较多的孕早期。

⑤ 香辛料

香辛料主要是指在烹调食物时使用的芳香植物，如大蒜、葱、姜、花椒、胡椒、辣椒、辣根、桂皮、香叶、肉桂、草果等。它们有强烈的呈味、呈香作用，能促进食欲，改善食品风味，但营养作用很小。这些香辛料对孕妇一般是安全的，可以根据自己的口味喜好选用。

香辛料经常混合使用，常用的有五香粉、十三香、辣椒粉、咖喱粉等。五香粉是用茴香、花椒、肉桂、丁香、陈皮五种原料混合制成，有很好的香味。十三香包括紫蔻、砂仁、肉蔻、肉桂、丁香、花椒、大料、小茴香、木香、白芷、三奈、良姜、干姜等。

⑥ 增鲜调料

增鲜调料主要指味精、鸡精、鸡粉等。味精的成分是谷氨酸钠，鲜味较强；鸡精是在味精基础上添加核苷酸和食盐等，使鲜味更醇厚；鸡粉又在鸡精的基础上添加鸡肉提取物（嘌呤），味道与鸡精相似。

增鲜调料能改善食物口味，少量使用即可获得鲜味倍增的效果，是消费量极大的调味品。虽然关于味精或鸡精有害的传言甚多，但它们其实是非常安全的，对孕妇也是如此。适量食用不会对健康产生危害。

工欲善其事，必先利其器

烹调高手往往把炊具、器皿、厨房小电器用得出神入化，家庭烹调时用好这些工具是提高厨艺的捷径之一。

① 砧板（菜板、墩）

为了避免交叉污染，家庭厨房要准备两块砧板，生熟分开。推荐选购整块木材制作的砧板，而不是由木块或者竹板拼接加工而成的，原因是我们顾忌拼接生产工艺中使用的化学黏合剂。如果选用塑料砧板，建议切制食材温度不要高，同时避免大力斩剁，尽量减少可能的有害物附着在食材上。

不论是哪种菜板，用完后都要及时清洗干净，竖着悬空挂放在通风的地方，让其风干。不要紧贴墙放或平放，否则另一侧晾不到，很容易滋生霉菌。清洗时，可用硬刷子蘸上洗洁精、盐、醋刷洗，然后用清水反复冲洗至干净，并定期用开水烫洗。

② 锅具

厨房少不了各种锅具。按功能可分为电饭锅、压力锅（高压锅）、炒锅、蒸锅、煎锅、汤锅等，适合加工不同的食物或菜肴；按材质可分为不锈钢锅、铁锅、铝锅、砂锅、不粘锅、复合材质锅等，可根据情况选用。一口好锅，对烹制出美味菜肴是很关键的。

不论哪种锅，应尽量避免化学涂层，虽然是否存在危害尚不明了，但是有争议。锅铲经常接触高温，也不要使用塑料或者高分子合成制品。

③ 器皿

盛放食物和汤汁的器皿推荐使用陶瓷、玻璃或陶制品，而且要注意尽量选购烧造后涂层上釉上色较少的器皿。不锈钢或者不锈铁的生产良莠不齐，不要盛放酸性菜肴汤品或者果汁，以避免重金属的污染。玻璃器皿最容易清洁，不留污渍。

④ 家用豆浆机

使用家庭用豆浆机自制豆浆既简单方便，又经济实惠，而且安全卫生。自制豆浆时加入少量花生，可使豆浆增香并口感润滑。还可根据自己的口味偏好加入黑豆、青豆、玉米、芝麻等，营养更全面。掺杂绿豆、谷物等富含淀粉的原料后，豆浆口感有一点点发黏，有人可能不喜欢。也可以在豆浆制作好之后，调入蜂蜜、椰汁、炼乳等，既补充营养，又丰富口味。

大豆经过充分的浸泡才能打出口感细滑的豆浆，且减少出渣率。一般要浸泡10余个小时。当气温较高时，应放入冰箱或多换几次水，以避免细菌滋生。如果前一晚忘记浸泡大豆，可改用热水浸泡，使浸泡时间缩短。有些豆浆机无须泡豆子，可以直接打成豆浆。

一般豆浆机加热温度和时间都很充分，可确保灭掉大豆中天然含有的“胰蛋白酶抑制剂”“皂素”等有毒物质，自制豆浆是安全的，不必担心。

⑤ 家用面条机

面条搭配蛋类、肉类，再加上一些蔬菜，简单调味之后就能搭配出很有营养的一餐，非常适合孕期食用。但很多时候难以买到很理想的面条。方便面自不必说。挂面大多加了食用碱和食盐，前者破坏B族维生素，后者增加食盐摄入。切面也添加了食盐或碱。很多所谓的鸡蛋面或蔬菜面只是加了色素和香精而已，鸡蛋或蔬菜极少。如果自己做面条就不同了，可以加入鸡蛋、蔬菜汁等，还可以加入部分全麦粉、粗粮粉、黄豆粉、豆渣（制作豆浆过滤出来的）等，使面条的营养大增，风味更好。有家用面条机（图9）帮忙，自制面条就变得容易多了。

图9

⑥ 家用面包机

家用面包机可用于制作各种风味的面包，几乎是全自动的，只需要按照机器说明书的配方和程序来操作，就可以做出多种风味各异的面包。一般在晚上打开面包机，装配好原料，次日清晨就可以吃到香气扑鼻的面包了。现在很多家用面包机都是多功能的，还可以和面、做蛋糕、做酸奶等，非常方便快捷。

面包机制作面包其实一点也不复杂，主要有和面、发酵和烘烤3个过程。面包机利用内置的电脑程序，在固定的时间点发出和面、发酵或烘烤的指令，便可开始制作面包。配料不同，面包的风味也不同。利用全麦粉、杂粮粉等健康原料，就可以制作出真正的全麦面包、粗粮面包等。这样品质的面包在市面上几乎买不到。

⑦ 其他

微波炉、烤箱、电饼铛、煮蛋器、奶锅等都是家庭烹调的好帮手，酸奶机、搅拌机、榨汁机等则用于制作某些特色食物。

体重增长曲线图，吃对美味不过量

孕期饮食的核心是适量，既不要吃太少，也不要吃太多。吃太少，饮食营养不足损害胎儿生长发育以及母体健康；吃太多，饮食过剩（主要是能量过程）也对母子双方有害。并且增加“巨大儿”（出生体重超过4千克）、难产和剖宫产的概率，影响孩子长大后的健康状况，包括易患2型糖尿病、高血压、冠心病、动脉粥样硬化等；对母亲则造成生育后肥胖、增加患慢性病的风险。

那么，如何才能保证孕期饮食营养既不缺乏也不过剩呢？有效的方法是进行孕期体重管理，使孕期体重增长的速度在正常的范围内，不要太慢、太少，也不要太快、太多。管理孕期体重的基本原理和方法请参阅《长胎不长肉》第二版修订（王兴国、滕越著，中国妇女出版社，2019年出版），这里仅摘录工具部分。

确定怀孕后，孕妇应根据自己怀孕前的身高、体重来制订孕期总的体重增长目标。首先，计算体重指数（BMI），BMI=孕前体重（千克）÷身高（米）÷身高（米）；然后，判定自己孕前体形属于“偏瘦”“正常”“超重”“肥胖”4种情况中的哪一种，凡BMI在18.5～24.9范围内为正常体形，凡BMI在25.0～29.9范围内为超重，凡BMI≥30.0为肥胖，凡BMI<18.5为偏瘦体形。最后，查阅下表确定自己整个孕期的体重增加目标。

孕前不同体形者体重增长总目标推荐范围

孕产体形	BMI	孕期增重总目标（千克）
正常	18.5～24.9	11.5～16
超重	25.0～29.9	7～11.5
肥胖	≥30.0	5～9
偏瘦	<18.5	12.5～18

注：孕期增重总目标根据美国IOM2009年的推荐换算而来。

接下来是如何实现自己的体重增长目标。在这里，我们提供了4个按孕周绘制的体重增长计划曲线图，分别适用于孕前体形正常、超重、肥胖和偏瘦的孕妇。读者可以根据自己的孕前体形选用其中的一个，作为自己管理孕期体重的工具。

这些曲线图的横坐标是孕周，纵坐标是增长的体重（kg，即千克），是用孕妇相应孕周时的体重减去孕前体重计算出来的。每一曲线图上都有3条线，上下两条为虚线，分别为“上限”和“下限”；中间一条是实线，为“推荐值”。这3条线都是根据上述IOM推荐的增重范围绘制的。

孕妇每两周称量一次体重，每次的体重增长值（每次称量值减去孕前体重）都应该保持在这两条虚线之间，否则即可视为体重增长不合理。孕妇应采取饮食措施或运动措施，使各孕周的体重增长值保持在实线（推荐值）上或附近。当体重增长过多时，应减少进食量，特别是主食、肉类等，同时增加体力活动量；当体重增长过少时，应增加进食量，特别是主食和高蛋白副食，同时注意休息，减少体力活动量。

称体重并非难事，但应达到以下要求：首先，要用同一台体重计来称量，且每次测量时的身体状态相同，比如都是空腹或者晚餐后2小时；其次，称量时要脱掉外衣、很厚的内衣和鞋帽，只穿薄薄的内衣或者称裸重。要满足这些条件，最好是在家里准备一台简易的体重秤。现在超市里有多种型号的体重秤出售。

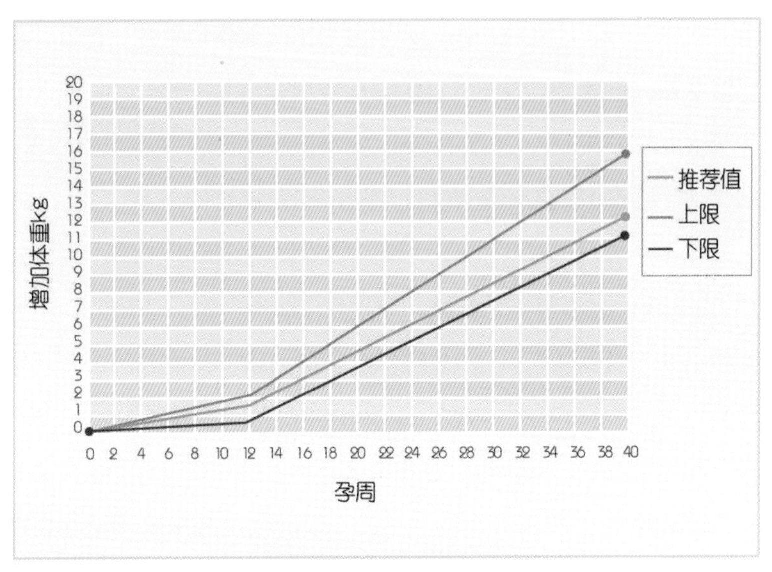

孕前BMI正常者增重计划

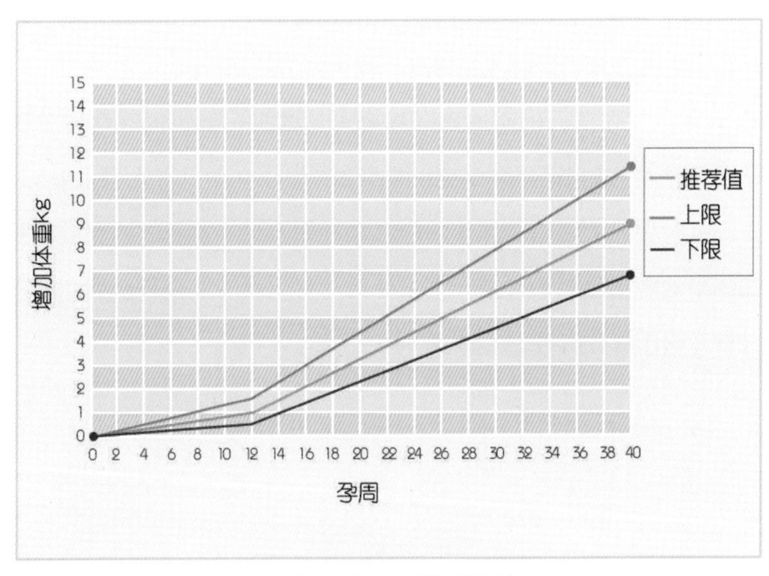

孕前BMI超重者增重计划

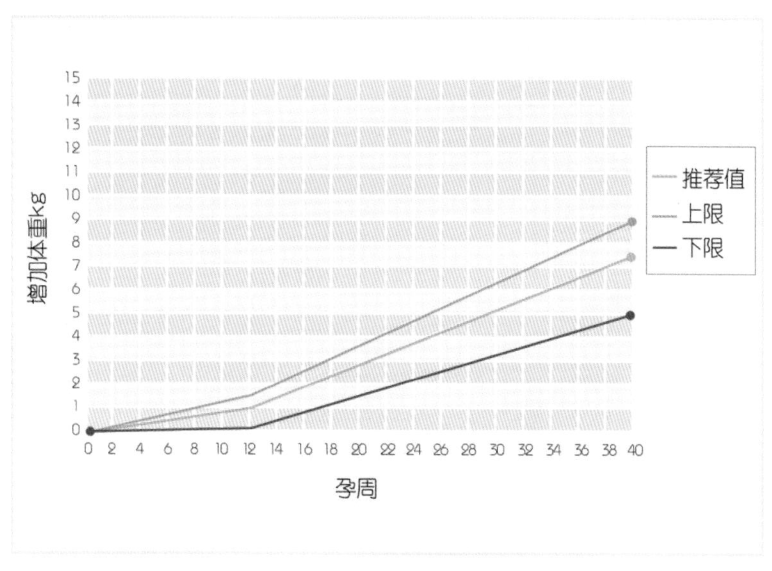

孕前BMI肥胖者增重计划

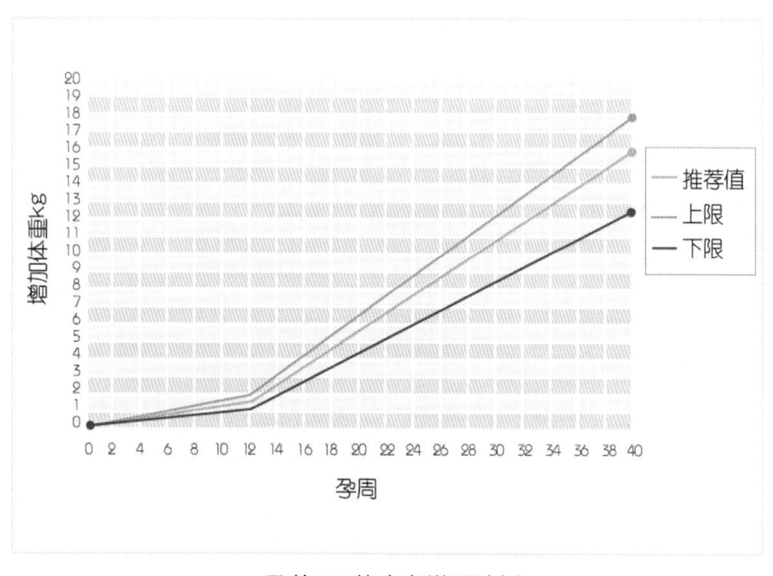

孕前BMI偏瘦者增重计划

第二章

孕早期每日营养配餐

孕早期胚胎生长速度比较缓慢，所需营养较孕前并没有明显增加。不过，孕妇应该在均衡营养的基础上，重点保证叶酸、维生素A、碘这几种营养素的供给。孕早期由于早孕反应的发生会给均衡饮食带来巨大困难，因此在饮食策略上只能因人而异，能吃得下的时候尽量吃，看看自己能接受哪些食物，并尽可能做到饮食多样、均衡。

孕早期营养需求及饮食原则

① 孕早期营养需求特点

孕早期（0～12周）胚胎生长速度较缓慢，所需营养较孕前并没有明显增加，比如蛋白质每日需要量几乎没有增加。不过，有几种营养素在孕早期特别重要，缺乏时可直接影响胎儿发育，特别是智能发育，缺乏严重时会造成胎儿畸形或流产等。它们是叶酸、维生素A、碘等，孕妇应该在均衡营养的基础上重点保证这几种营养素的供给。

② 孕早期饮食原则

早孕反应的发生会给孕早期均衡饮食带来巨大困难，恶心、呕吐、食欲改变导致进食量不足或失去平衡，但早孕反应又因人而异，程度不同，对食物的喜爱或厌恶也各不相同。有的喜酸，有的嗜甜。因此，几乎找不到适合所有孕妇的饮食策略，只能因人而异，能吃得下的时候尽量吃，看看自己能接受哪些食物，并尽可能做到饮食多样、均衡。最重要的是坚持一个信念：很快会过去的，自己的骨肉是你的期望，小生命将是你生命和精神的延续，加油！

对早孕反应不必过于担心和焦虑，应保持愉快稳定的情绪。注意食物的色、香、味的合理调配，有助于缓解和减轻症状。早孕反应明显时，不必过分强调平衡膳食，也无须强迫进食。可根据个人的饮食嗜好和口味选用容易消化的食物，少食多餐。进餐的时间地点也可依个人的反应特点而异，可清晨醒来起床前吃，也可在临睡前进食。

应首选富含碳水化合物、易消化的谷类食物，如米、面、烤面包、烤馒头片、饼干等。各种糕点、薯类、根茎类蔬菜和一些水果中也含有较多碳水化合物，可根据孕妇的口味选用。食糖、蜂蜜等的主要成分为简单碳水化合物，易于吸收，进食少或孕吐严重时食用可迅速补充身体需要的碳水化合物。进食困难或孕吐严重者应寻求医师帮助，若呕吐严重，尿酮体（++），可考虑通过静脉输液的方式补充必要的碳水化合物。

③ 孕早期每日饮食安排

孕早期一日餐单按5餐设计，包括3次正餐、2次加餐。这不是为了增加进食量（因为孕早期体重仅轻微增加1千克～1.5千克），而是为了克服早孕反应。少量多餐有助于保证营养摄入。实际上，孕早期的餐次或进餐时间可以视早孕反应的情况灵活安排，在胃肠道反应较轻的时候，不论早晨、晚上，还是上午、下午，可以吃一餐或吃点儿零食。

孕早期每天大致进食量如下：谷类、薯类及杂豆类250克～300克（干重，其中薯类50克，全谷杂豆类50克～75克）；蔬菜300克～500克；水果200克～350克；鱼、禽、蛋、肉合计130克～180克；奶制品300克；大豆及坚果25克；植物油25克～30克；加碘盐6克。孕早期孕妇要根据自己的身高、体形以及体力活动的情况，选择大致合理的饮食量。关键点有二：其一，食物的种类要齐全；其二，体重增长不要太快（孕前消瘦者除外）。

1.早餐

早餐对于多数人群来讲都是一个大问题，时间紧迫、品种单一、欠缺合理，很多时候绞尽脑汁也不知道早餐该吃什么。孕妇早餐至少要有两大类食物，一类是高淀粉的主食类食物，如谷类、杂豆类和薯类；另一类是高蛋白的食物，如奶类、大豆类、蛋类、肉类等。在此基础上，再吃一些蔬菜或水果，营养搭配才更为合理。

2.午餐

很多上班族的午餐质量很差或搭配很不合理。孕妇的午餐一定不能过于简单，主食、高蛋白副食、蔬菜一个都不能少。一般建议一荤一素，或者两个荤素搭配的菜肴，但要注意少油少盐。这一建议也可作为在外午餐点菜的原则。

3.晚餐

“晚餐要少吃”“晚餐要吃七分饱”“晚餐要吃得似乞丐”等类似的说法甚为流行。这些说法若想成立，就必须立足于一个前提：早餐和午餐吃得很好。然而，对于大部分上班族来说，早餐太匆忙，午餐随便对付一顿，故这个前提并不存在。晚餐反倒成了补充营养的关键一餐。孕妇的晚餐尤其如此，不能吃得太少或太简单，仍然要荤素搭配。

4.加餐

加餐也就是零食，是孕妇增加营养摄入的重要手段。一般水果、酸奶、牛奶、坚果、烤地瓜、煮芋头等特别适合作为加餐。当然，如果自己喜欢，蛋类、大豆制品、面包、豆包、蔬菜、肉类等也可以用来加餐。

安排加餐的最高境界是：先考量一日正餐食谱，看看还缺少哪一类重要的食物，缺什么就加什么。比如全天正餐没有吃鸡蛋，那么晚上加餐就来一个煮蛋好了。

饮料、薯条、薯片、饼干、方便面、糕点、油炸零食、膨化食品等高油、高糖、高添加剂的零食不宜用于孕妇加餐。

此外，孕前期和孕早期及时补充叶酸（400微克/日）是非常重要的孕期保健措施。不但能有效预防胎儿神经管畸形，还可以降低其他畸形发生率，并促进胎儿大脑发育。动物肝脏、肾脏、绿色叶菜、豆类、花生、草莓、柑橘等都富含叶酸。但是天然食物中的叶酸不稳定，容易在烹调加工过程中被破坏、流失，且不容易被小肠吸收，生物利用度为50%，因此，目前主张服用合成叶酸效果更有保障。合成的叶酸易吸收，生物利用度较高，为85%。服用叶酸一定要早，要从准备怀孕、尚未怀孕之时开始服用。确诊怀孕后继续服用，至少服用到怀孕12周。叶酸在早餐后服用较好，一日一次，一次一片（400微克）。

孕早期一日营养餐单1

餐次	餐单	备注
早餐	西红柿鸡蛋荞麦面（1小碗）自制豆浆（1大杯）	叶酸1片
加餐	香蕉（1根）	其他水果亦可
午餐	二米饭（1小碗）清蒸鱼（1条）香菇烧油菜（1大盘）	
晚餐	花卷（1个）鸭血粉丝汤（1小碗）肉末酿彩椒（六七瓣）	
加餐	酸奶（1杯）巴旦木（10～20粒）	其他坚果亦可

营养标签

清淡、易消化，有助于克服早孕反应带来的进食困难。同时，食物多样化，营养齐全。

专家解读

餐单主食粗细搭配，蛋类、鱼类、肉类、奶类、大豆类、坚果类、蔬菜类和水果类一应俱全，并采用易于消化的烹调方法。餐单强调了孕早期重点食物，如粗粮（小米、荞麦面）、绿叶蔬菜（油菜）、奶类（酸奶）、豆类（豆浆）和高蛋白食物（鸡蛋、鱼、瘦肉、鸭血）等。它们有针对性地为孕妇提供孕早期重要营养素。其中，鸡蛋、酸奶、鲈鱼、猪肉、鸭血以及豆浆提供优质蛋白质、维生素A、B族维生素等，酸奶还提供较多钙；鸭血、猪肉和鲈鱼提供较多铁、锌等；油菜富含叶酸、维生素C、β-胡萝卜素以及钙、钾等；西红柿、彩椒、香蕉等富含维生素C、β-胡萝卜素、钾等（β-胡萝卜素在体内可转化为维生素A）。

西红柿面、鸭血粉丝汤、肉末酿彩椒都是比较开胃的菜肴，有助于提高食欲。不过，在孕早期孕妇味觉改变各不相同，有的爱辣，有的喜酸，有的嗜凉，孕妇应在尽量实现饮食平衡的基础上选择自己喜爱的口味，以促进食欲。

优孕之选

早餐：西红柿鸡蛋荞麦面

原料：鸡蛋1个，西红柿1个，荞麦挂面60克，橄榄油适量。

做法：水烧开后下入荞麦面条，煮数分钟，面条熟后捞出，沥干，装入碗中。热锅下油，油热后倒入打匀的蛋液，蛋液微成形后加入切好的西红柿，略煮，加盐、味精调味后直接浇在煮熟的面条上，拌匀即可食用。

特色点评：这款西红柿鸡蛋荞麦面虽然简单清淡，营养却很丰富。有面、有蛋、有蔬菜，搭配合理、易于消化。喜欢美食的孕妇可以在此基础上略作改变，就可以做成西红柿鸡蛋汤面，即直接把切好的西红柿和打匀的蛋液倒入快要煮熟的面条锅中，调味后带汤食用。还可以先把鸡蛋煮熟，配上一碗西红柿汤面一起食用。甚至可以把面条换成米粉，做成西红柿米粉。

营养驿站：早餐不建议使用太多香辛料，以免加重恶心、呕吐等早孕反应。当然，如果你喜爱吃辣或吃醋，也可以适量添加。

西红柿口感偏酸，尤其是加热之后，特别开胃。西红柿虽然不是绿叶蔬菜，但其营养价值却不输于绿叶蔬菜。它富含β-胡萝卜素、维生素C、钾、果胶等营养素，具体含量见本书附表2。

选用荞麦面是为了增加粗粮摄入。根据中国营养学会《中国居民膳食指南2016》的建议，只有配料中荞麦比例达到51%的才是真正的荞麦面。目前超市能达到此标准的荞麦面并不多，很多“荞麦面”中荞麦比例非常低。

早餐：自制豆浆

原料：黄豆20克。

做法：前一晚把黄豆浸泡碗中（天气较热时最好放入冰箱冷藏），次日晨起后用家庭型全自动豆浆机把泡好的黄豆搅打成豆浆。需注意，搅打豆浆时黄豆与水的比例约为1：20，或按照豆浆机说明书配比。

特色点评：豆浆的优势是最大限度地保留了大豆中的营养素和保健成分，甚至过滤出来的豆渣也能食用，比如与面粉混合制作馒头、花卷等面食。大豆经过充分浸泡才能打出口感细滑的豆浆，且减少出渣率。

营养驿站：黄豆（大豆）是最优质蛋白、多不饱和脂肪酸、膳食纤维、低聚糖、B族维生素、钙和钾的重要来源，其主要营养素含量见本书附表5。

在市面上购买豆浆时要注意产品的品质，有很多市售的豆浆并不是鲜榨的，而是用豆浆粉冲调的。绝大多数豆浆粉中糖类含量≥60%，这些糖类都是添加进来的，因为天然大豆含糖类很少。有些豆浆粉声称是无蔗糖的，没有添加蔗糖，但有添加麦芽糖浆等蔗糖替代品，其实还是糖。除糖类外，有些豆浆粉还要添加甜味剂、香精等。因此，我们推荐用豆浆机自制豆浆，不建议孕妇用豆浆粉冲调豆浆。

有人说“豆浆不能和鸡蛋一起吃”或“豆浆不能与牛奶一起喝”，这些都是毫无根据的，豆浆搭配鸡蛋或牛奶是非常值得推荐的。

加餐：香蕉

香蕉是一种很特殊的水果，其糖类含量远高于其他水果，甚至不输于马铃薯（土豆）。香蕉含糖类22%，而马铃薯为17.2%。因此，香蕉非常适合用来加餐，尤其是在孕早期早孕反应导致进食不佳时，香蕉更是首选的水果。香蕉其他营养素含量见本书附表3。

也正是因为香蕉含糖量高，且其升糖指数（GI）也高于其他大部分水果，不利于血糖控制，所以到孕中期和孕晚期，尤其是发现有妊娠糖尿病时，就不推荐孕妇选用香蕉了。

午餐：二米饭

原料：大米、小米各半，或大米略多小米略少。

做法：用普通电饭煲即可，做法与制作普通米饭相同。

特色点评：大米色白，小米色黄，大米口感糯，小米口感硬。两者搭配，相得益彰，卖相口感都不错。可惜的是，很多人只知道小米粥，不知道小米也可以做米饭。单纯用小米做米饭，口感较大米饭粗硬一些，只在北方少数地区流行。做二米饭时，小米不能太少，否则就成了颜色点缀，达不到吃粗粮的目的。

营养驿站：大多数人只吃白米饭，其实白米饭的营养价值很低，而且米饭越白，越精细，其营养价值越低。只要稍加改动，米饭就能变成增加营养的载体。最简单的方法是加入粗粮，包括小米、燕麦米、黑米（需要提前浸泡数小时）、大麦米（需要提前浸泡数小时）以及绿豆、红豆、芸豆、扁豆等各种杂豆（均需要提前浸泡数小时）。不过，有很多人吃不惯这些“杂色米饭”，因为他们已经长期习惯吃纯白米饭了。任何关于吃的习惯都是养成的，从怀孕开始做个改变吧。

小米是北方地区经常食用的杂粮，特别适合熬粥，也可以烹制米饭。一般口感比大米稍粗，有些高品质的小米米香十足。小米主要营养素含量见本书附表1。

午餐：清蒸鱼

原料：鲈鱼1条，蒸鱼豉油、葱丝、姜丝、橄榄油（或花生油）各适量。

做法：鲈鱼处理干净，在两侧各划几刀，方便热力均匀渗透。放上葱丝、姜丝装入盘中，鱼身涂抹橄榄油。冷水上屉，大火蒸7～9分钟，出锅控干水分，浇上蒸鱼豉油即可。

特色点评：做清蒸鱼，鱼要新鲜，这很重要。不新鲜的鱼蒸出来发腥、发硬，不好吃。蒸鱼的原料不用太复杂，姜、葱、生抽、油等几样即可。如果嫌味淡不足，可以尝试加少许普宁豆酱和芹菜丝，别有一番风味。

还有一种更简单的蒸鱼方法。先把鱼加葱、姜，蒸8～9分钟至熟，取出后丢弃葱、姜和汤汁，只留鲈鱼。热锅下植物油，烧热后淋到鱼身上，再淋上适量蒸鱼豉油（酱油）即成。

蒸鱼或蒸其他菜肴比较适合用初榨橄榄油，因为食物受热温度较低，在100℃左右，远低于炒、炸、煎等烹调方法。根据不同的烹调方法（主要是加热温度）选用不同的食用油，是实现食用油多样化的最佳途径之一。

营养驿站：鲈鱼又称花鲈、鲈板、四肋鱼等，俗称鲈鲛。鲈鱼肉质白嫩、清香，没有腥味，肉为蒜瓣形，最宜清蒸、红烧或炖汤。鲈鱼主要营养素含量见本书附表4。

鱼类是孕早期最值得推荐的食物之一。高蛋白、低脂肪，富含维生素和矿物质，且大多肉质细嫩，易于消化。但很多人没有掌握烹调鱼类的方法，一想到烹饪鱼类就比较发愁。

新鲜鱼类最好的做法就是清蒸，既保留风味又健康合理。不太新鲜的鱼类适合“焖”法。家常焖鱼也很简单，热锅下油，油热后放入鱼肉块略煎片刻后放入调味汁（由酱油、白糖、醋、大蒜、葱花、姜粉、花椒粉

等组成）；再加入清水，使鱼肉几乎全部没入水中；大火烧开后改用小火慢炖，收汁后加适量味精出锅即成。如果咸味不足，还可以补放少许食盐。

更简单的焖鱼方法是到超市购买专门用来焖鱼的复合调料包。鱼块、清水和专用调料（三者的大致比例可参阅复合调料包的标签说明）一起下锅，大火烧开，小火慢煮。什么也不用再加，15分钟左右，收汁，出锅即成。

不少人喜欢吃炸鱼，外焦里嫩，香气诱人。做法是大鱼切块，小鱼保持原形，略加腌渍，外面裹上面粉或淀粉加蛋液，下热油锅炸熟。炸鱼油温很高，既破坏鱼中营养，又破坏油中营养，还增加脂肪摄入，因此不建议孕妇食用。

午餐：香菇烧油菜

原料：干香菇、油菜、姜粉、鸡精、食盐各适量，花生油、玉米油、豆油任选其一。

做法：香菇充分泡发，用热水焯一下。油菜洗净，按叶撕开（整棵烹调也可）。热锅下油，油热后放入油菜，翻炒片刻，放入香菇，继续翻炒至熟，加姜粉、食盐、鸡精调味即成。

特色点评：菜肴之清淡，烹调之简单，都莫过于此，但营养堪称丰富，尤其是与鱼肉搭配，几乎是完美的一餐。食用菌和绿叶菜的搭配能变换出多种组合，如香菇可以换成木耳、平菇、花菇、杏鲍菇、牛肝菌等，油菜也可以换为菠菜（要先焯水）、菜心、茼蒿、苦菊、莴笋叶、莜麦菜等。这些纯素的菜肴特别适合与各色荤菜搭配食用，也可以直接加入一些肉末。

营养驿站：香菇是最常见的食用菌之一，有鲜品和干品可供选择。干香菇蛋白质含量高达20%，脂肪却很少，泡发后香菇仍是一款营养丰富的食材，不但富含B族维生素，还含有维生素D，有助于钙吸收，香菇多糖则具有提高免疫力的作用。香菇主要营养素含量见本书附表2。

作为绿叶蔬菜的代表食材，油菜营养价值之高超乎想象，不但维生素C含量超过普通水果，还提供较多β－胡萝卜素、维生素B_2、钾、钙、镁、膳食纤维等。油菜中钙含量高达108毫克/100克，大致与牛奶相当，叶酸含量为46.2微克/100克。其他营养素含量见本书附表2。

绿叶菜的缺点是不耐储藏，保存时间过长或保存条件不当时，亚硝酸盐含量会明显增加。但只要恰当地储存和烹调，绿叶菜所含亚硝酸盐就不足为虑，即使是剩菜，或者提前做好带盒饭也是可以吃的。但要注意避免用筷子翻动（最好预留出来）；用保鲜盒盛装之后再放入冰箱；尽量缩短存放时间。

晚餐：花卷

原料：强化面粉、酵母、白糖、玉米油各适量。

做法：先用一碗温水（注意不要太热）把酵母化开，与白糖一起加入到面粉中（面与温水的比例大致为2∶1），揉成面团，保温，饧发数小时。待面发好后，用擀面杖将面擀成大面饼，不要太薄，倒上一点儿玉米油并抹匀。将面饼从一边卷起来，用刀切成一段一段的，大小可根据自己

的喜好决定。取一段面饼，纵向剖开一分为二，并拢对折后成形。上锅蒸，开锅15分钟左右即熟。

特色点评：发酵的面食更容易消化吸收。本例选用强化面粉，营养价值更高。口感方面，也可以加入葱末、白糖、蜂蜜等，做出自己喜爱的味道。发面的速度可快可慢，多加酵母、温水和面（但不能太热）、加糖、保温等措施能加快发酵进程，能在数小时内把面发好。

营养驿站：强化面粉是指在面粉中加入铁、钙、锌、维生素B_1、维生素B_2、叶酸、烟酸以及维生素A等营养素，在大超市里可以买到，其包装上有特殊标识（图见第一章）。食用这种面粉可增加孕期营养摄入，对预防孕期缺铁性贫血十分有益。

发酵也是增加面食营养价值的有效方法。酵母菌的作用不但使面粉更容易消化吸收，还合成了少量B族维生素，如维生素B_1、维生素B_2、维生素B_6、叶酸等。

到超市购买花卷或其他面食非常方便，但自己动手做的好处是可以提升面食的营养品质。除了选用强化面粉外，还可以在面粉中掺入部分粗粮，如玉米粉、全麦粉或标准粉；加入少量脱脂奶粉或普通牛奶；掺入坚果碎或坚果粉，如花生碎、芝麻糊等。这些措施可以极大提升面食的营养价值。

如果孕妇出现便秘，发面时还可以加入菊粉（菊苣粉或菊芋粉，主要成分是低聚果糖，属于益生元，有助于排便）。

晚餐：鸭血粉丝汤

原料：鸭血、鸭肝、鸭肠、粉丝、油豆腐、葱段、姜丝、香菜、盐、胡椒粉、香醋、生抽、高汤各适量。

做法：先将鸭血切成细条，放入盐水中浸泡片刻；鸭肝切片；鸭肠剪开，洗净后切段。热锅入油，将葱段、姜丝爆香，加入高汤（或清水+鸡精）一碗煮沸。先将鸭肝、鸭肠放入，煮至半熟后放入泡发的粉丝、油豆腐，再放入鸭血，煮开2分钟就可关火。将鸭血粉丝汤盛入汤碗里，加入适量盐、生抽、香醋、香菜、胡椒粉即可。

特色点评：众所周知，鸭血粉丝汤是南京的著名小吃。因为没有鲜鸭汤为汤底，这里给出的烹饪方法属于"照葫芦画瓢"，可能不够地道，但口味不差，营养价值都在。

营养驿站：就补铁、补血而言，鸭血在经常食用的动物血液中可谓一枝独秀，其铁含量高达30.5毫克/100克。作为对比，猪血铁含量是8.7毫克/100克，羊血是18.3毫克/100克。可以说，鸭血是孕妇补铁当仁不让的选择。除了煮汤之外，鸭血炒韭菜也是常见的吃法。

粉丝提供碳水化合物，本身没有什么味道，又很容易入味，对恶心、呕吐等早孕反应或有帮助。除粉丝外，藕粉、豆凉粉、绿豆糕、地瓜干之类的小零食也可以尝试。如果连这些小零食也吃不下，几乎无法进食，则应该在医生指导下口服或静脉输注葡萄糖。

晚餐：肉末酿彩椒

原料：彩椒、猪肉、葱、姜、五香粉、酱油、味精、盐、油各适量。

做法：猪肉剁碎，加葱、姜、五香粉、酱油、味精、盐等调成馅料（类似饺子馅）。彩椒切成大块，一一放上肉馅，稍压实一些。平底煎锅内加少许油，小火煎有肉的一面，无须煎辣椒层，煎肉馅过程的余热传递给辣椒层足以让辣椒变熟。

特色点评：青椒特定的形状很适合“酿”法烹调。馅料可以多种多样，除了猪肉馅，还可以用牛肉、鸡肉、鱼虾、豆腐等做馅。酿出来的菜肴既清淡少油，又芳香多味，很适合孕早期食用。

营养驿站：青椒又名菜椒、甜椒、圆椒等，是维生素C含量最高的蔬菜之一，红色或黄色的彩椒，维生素C含量更高。其主要营养素含量见本书附表2。烹制青椒时，要注意掌握火候，缩短加热时间，减少维生素C的损失。

加餐：酸奶

酸奶一般指酸牛奶，它是以牛奶（新鲜的牛奶或奶粉兑水复原）为原料，经过消毒杀菌后，添加细菌发酵，再冷却灌装的一种牛奶制品。根据国家标准的要求，其蛋白质含量应≥2.9%，营养价值较高，主要营养素含量见本书附表6。不过，特别值得注意的是，目前市面上这种纯正的酸奶并不多，大多数所谓的“酸奶”其实是另外一种产品——风味发酵乳。

风味发酵乳与酸奶类似，其原料含80%以上的牛奶或奶粉，再添加果蔬、谷物或添加剂等。根据国家标准的要求，其蛋白质含量应≥2.3%，营养价值比酸奶稍低，而且大多数此类产品添加了8%～10%的糖，故只能少量饮用，不能完全替代牛奶，否则糖的摄入量令人担心。

营养价值最差的是酸奶饮料或乳酸菌饮料。虽然该类产品的名字、包装，甚至口感和价格都与酸奶接近，但营养价值却要低很多。大多只含有少量牛奶，蛋白质含量还不到1%。它们是饮料，而不是奶制品，故不在推荐之列。

酸奶可以用家庭酸奶机自行制作。现在市场上有各种型号的酸奶机，其基本原理非常简单，就是保持合适的恒温（40℃左右，6～10小时），以使牛奶发酵。只要按酸奶机说明书正确使用，制作出来的酸奶口感、卫生状况不次于市售酸奶，而营养品质更为可靠。

加餐：巴旦木

巴旦木，又称扁核桃仁、美国大杏仁等，是常见的坚果之一，营养很丰富，主要营养素含量见本书附表7。巴旦木只经过轻微烤制，只含有少量调味品，维生素破坏得少，保留得多。像其他坚果一样，巴旦木也含有较多的脂肪和能量，不可多吃，每日10克较为适宜。

坚果亦吸潮，还容易氧化变味，尤其是天气炎热、潮湿时，更要注意保存，避免发霉。因此，不要一次买太多，买来之后要装在密闭罐子里，每天拿出一把来食用。

坚果都比较干燥，质地脆爽，香味浓郁，刚好搭配酸奶食用。

孕早期一日营养餐单2		
餐次	餐单	备注
早餐	鱼片粥（1碗） 煮鸡蛋（1个）	叶酸1片
加餐	杂果（1小盘）	其他水果亦可
午餐	全麦馒头（1个） 懒人蒸排骨（1小盘） 盐水菜心（1盘）	
晚餐	红豆米饭（1碗） 老醋红菜薹（1小盘） 芹菜炒肉（1小盘）	
加餐	酸奶（1杯） 核桃（4～5颗）	其他坚果亦可

营养标签

均衡、清淡、易消化，有助于克服早孕反应带来的进食困难。同时，食物多样化、营养齐全。

专家解读

餐单中食物多样，主食粗细搭配，有鱼类（草鱼）、肉类（排骨、猪肉）、蛋类（煮鸡蛋）、奶类（酸奶）、坚果（核桃）、粗粮（红豆、全麦）、蔬菜（菜心、芹菜、红菜薹等）、水果（杂果）等。这些重点食物有针对性地提供孕早期所需要的重要营养素。鸡蛋、酸奶、草鱼、排骨、猪肉提供优质蛋白、维生素A、B族维生素等；酸奶提供较多的钙，草鱼、排骨、猪肉则提供较多铁、锌等；菜心、芹菜、红菜薹富含维生素C、β－胡萝卜素、钾等。

红豆米饭和全麦馒头是实现主食粗细搭配的经典方法。鱼片粥、懒人蒸排骨、老醋红菜薹等菜品清淡、易消化，特别适合孕早期变化不定的食欲。盐水菜心、芹菜炒肉既普通又富于营养。“杂果”是吃水果的一个小招数，品种丰富，还能增加食欲。

优孕之选

早餐：鱼片粥

原料：大米、草鱼肉、姜丝、葱丝、盐、生抽、料酒、橄榄油各适量。

做法：先将大米浸泡水中，并加少量盐和油。锅内加水，锅开后将大米放入水中熬煮，成粥后待用（用电饭煲煮粥亦可）。草鱼肉切成片，加生抽、料酒、姜丝、葱丝腌制10分钟。腌好后放入滚烫的米粥内煮熟鱼片即可。

特色点评：广东的老火粥不同于内地的稀饭。同样是大米，粤菜师傅或许会因为熟练掌握南方的丝苗、糯米与东北的珍珠大米比例搭配而练就一手熬制粥底的绝活。通常的做法是先将大米用少许水、油、盐浸泡一下，然后和猪骨加水熬煮4小时以上，几乎分辨不出米粒的粥底香滑可口。按照食客的要求，用粥底二次汆烫食材，可以是鸡肉粥、皮蛋瘦肉粥、猪肝粥等，也可以是多样食材搭配而出的艇仔粥、及第粥等。

营养驿站：草鱼是用来做鱼肉粥最常用的鱼类，口味淡而鲜，其主要营养素含量见本书附表4。米粥是人们普遍食用的早餐之一，但它营养十分单调，加入鱼肉、青菜叶之后立刻有所不同了，不但有滋有味，而且营养丰富、全面，特别适合孕早期食用。

鱼肉粥、鸡肉粥、皮蛋瘦肉粥、猪肝粥等加了料的粥品营养更为丰富，也是使主食营养化的重要手段之一。不过，煮时间太长的米粥B族维生素破坏较多，如果再加碱（小苏打、碳酸氢钠）的话，B族维生素破坏将更为严重。

早餐：煮鸡蛋

蛋类的营养价值非常高，尤其是蛋黄中丰富的磷脂对胎儿脑发育十分有益，所以我们设计的孕期餐单中几乎都有鸡蛋。鸡蛋主要营养素含量见本书附表4。

鸡蛋的吃法很多，煮鸡蛋、蒸蛋羹、炒鸡蛋、煎鸡蛋、荷包蛋、茶蛋等均可。煮鸡蛋或蒸蛋羹营养流失少，易消化，是最值得推荐的吃法。当然，鸡蛋煮的时间也不宜太长，否则会加剧营养流失。但又不能不煮熟，否则不卫生。兼顾营养和卫生，吃鸡蛋最好的状态就是蛋清已经凝固，而蛋黄处于半凝固或流动的状态。要煮到这种最佳火候，需要反复练习，积累经验才能做到。

加餐：杂果

原料：苹果、芭乐（番石榴）、话梅。

做法：水果切成稍薄的片，混杂在一起，放入少量水，再把话梅放入略加浸泡即可食用。

特色点评：水果可以换为梨、桃、柑橘、杧果等自己喜爱的品种，但话梅不可少，以增强酸甜可口、开胃的效果。有些地方为了增加甜度，往往加些话梅粉（梅粉）。话梅粉含有盐，人为产生咸甜的对比度，进而增强甜度的错觉。

营养驿站：水果是孕期膳食结构中必不可少的组成部分，既可口又营养丰富。除直接食用外，水果还有很多吃法，比如榨汁、水果沙拉、水果罐头等。杂果又提供了另外一种吃水果的方法。孕妇吃水果可不拘于种类，选自己喜欢且方便易购的水果即可，多种水果一起吃也没有问题。不过，孕期吃水果不要太多，以每天100克～400克为宜。吃太多水果并无益处，还会干扰其他食

物的正常摄入，不利于饮食均衡。大量吃水果还会导致妊娠期血糖异常升高。

我们不建议孕妇用果汁产品代替新鲜水果，除非是在不方便吃水果时，如旅行途中或者工作中，喝果汁可作为权宜之计。但是市售的果汁产品在压榨、捣碎和加热消毒过程中部分维生素（如维生素C）被破坏；同时，过滤使几乎全部膳食纤维流失；还要添加甜味剂、防腐剂、色素和香料等。因此，孕妇不能把市售果汁作为首选。当然，自己家鲜榨的果汁不在此列。

午餐：全麦馒头

原料：全麦粉、精白面粉、酵母各适量。

做法：按照1：1的大致比例把普通精白面粉与全麦粉混合，加入酵母（比例请参照酵母粉说明书）一起混合揉成面团，发酵数小时后蒸制成大小随意的馒头即可。

特色点评：这其实不是纯粹的全麦馒头，而是部分全麦的馒头，因为掺入了精白面粉。这种全麦馒头颜色发黑，质地较粗硬，但越嚼越香，回味美好。最重要的是营养丰富，吃后会感觉肠胃非常舒服。

营养驿站：全麦面粉在很多超市均可买到。全麦面粉是指用没有去掉麸皮的小麦粒磨成的面粉，其颜色比普通面粉黑，口感也较粗糙，但因为保留了麸皮中的大量维生素、矿物质、膳食纤维，所以营养价值更高一些。不过，现在超市里很多“全麦粉”并不正宗，基本还是白色的，只是比普通面粉略粗一些而已。如果购买这种全麦面粉，就不必再兑入精白面粉了，直接发酵蒸制馒头即可。

在面食中引入全麦粉是提高主食营养价值的重要方法。同样大小的一块馒头，全麦馒头维生素和矿物质含量是普通馒头的2～3倍。全麦馒头含更多的膳食纤维，具有清肠通便的作用，有助于解决孕妇常见的便秘问题。更大的益处是，吃全麦馒头血糖上升缓慢，能减少胰岛素的分泌，有助于预防孕期体重增长过快和妊娠期糖尿病。

米饭、面食是人们的主食，一日三餐都不能少，且进食量较大，如何增加主食的营养，或通过主食摄入更多营养，即主食营养化应该引起孕妇的高度重视。

午餐：懒人蒸排骨

原料：排骨（猪肋排）、生抽、豆豉、十三香、香葱、芡粉各适量。

做法：把以上配料和排骨腌渍在一起，放到电饭锅的笼屉上，边蒸饭边蒸排骨，饭熟肉香。

特色点评：这道菜不必太费神，电饭锅煮饭的时候，利用一下上面的蒸笼，真是不折不扣的“懒人”做法。但好处多多，既避免了油烟烹炒，

又可以得到味美的菜肴。

营养驿站：排骨属于高蛋白、高脂肪食物，主要营养素含量见本书附表4。因为排骨本身含有较多的脂肪，超出一般的瘦肉，所以即便不用油，这道蒸排骨仍喷香可口。这种无油烹调的菜肴，特别适合孕期食用。因为根据孕期膳食指南的建议，孕期食用油的摄入量应比未怀孕时更少一些。在减少食用油的前提下，如何利用食材本身固有的味道烹制出清淡可口的菜肴，是孕期餐单的一大要点。

午餐：盐水菜心

原料：菜心、姜、蚝油（或生抽加芝麻油）、盐各适量。

做法：水煮开，放一片姜和少许盐略煮，菜心放进去煮熟出锅，淋上蚝油即可。蚝油还可以换为生抽加芝麻油。

特色点评：水煮菜心不仅简单省事，而且没有烹炒油烟，营养流失少，清淡可口，这几乎是烹制绿叶菜的最高境界。或蚝油，或生抽，或芝麻酱，味道多变，又不失食材本身的自然味道。不单菜心，其他很多绿叶菜亦可采用同样方法食用。

营养驿站：绿叶菜水煮之后淋上蚝油，这是南方的吃法；绿叶菜水煮后蘸酱（豆酱、面酱、虾酱、芝麻酱等），这是北方的吃法。清清淡淡，特别适合与荤菜，如上述蒸排骨搭配食用。烹制绿叶菜的营养要点就是要缩短加热时间，减少营养素流失，清淡少油。

菜心又称菜薹，是一种十字花科绿叶蔬菜。菜心品质脆嫩，风味独特，营养丰富，每100克菜心含维生素C79毫克，β－胡萝卜素960微克，钾236毫克，钙96毫克，在蔬菜中名列前茅。其他营养素含量见本书附表2。菜心在华南地区十分普遍，现今在北方的超市或菜市场也能买到。

蚝油是用蚝（牡蛎）熬制而成的调味料，在超市里多与酱油等调味品一起摆放，多有咸味，适合拌面、拌菜、煮肉、炖鱼、做汤等。蚝油有一定的稠度，呈稀糊状但无渣粒杂质，色呈红褐色至棕褐色，鲜艳有光泽，具有特有的香和酯香气，味道鲜美醇厚而稍甜，无异味。

芝麻油具有独特的香味，故又称为香油。芝麻油的营养价值较高，含丰富的维生素E以及芝麻酚、芝麻素、芝麻林素等木酚素类植物化学物质。传统的芝麻油常用“水代法”制取，即不用压力榨出，也不用有机

溶剂提出，而是依靠在一定条件下，水与蛋白质的亲和力比油与蛋白质的亲和力要大，从而使水分浸入油料而代出油脂。这是芝麻油独有的加工方法。用这种方法加工的芝麻油称为小磨香油，味香可口，一般作冷调油使用。用压榨法制取的芝麻油称为“大槽油”或“机榨香油”，香味略逊于小磨香油。用有机溶剂浸出制取并精炼的芝麻油为普通芝麻油，香味较淡。

市面上还有一类“芝麻调和油”，是用普通芝麻油或机制香油与其他植物油，如玉米油勾兑而成，其营养品质更低。现在芝麻调和油比较多，很多产品把“调和油”三个字写得很小或很隐晦，“芝麻油”三个字写得很大或很醒目，故意蒙混消费者。因此，在购买芝麻油时，要仔细看标签，了解其品质。

还要提醒一下，“现榨麻油”即当众制作、当众试味闻香的芝麻油也有造假的，常用伎俩是“调包计”或暗中加香精增香，就算没有掺假，这种现榨的香油也不卫生，从制油加工过程到盛油的容器都没有经过消毒处理。因此，不建议购买现榨麻油。

晚餐：红豆米饭

原料：大米、红豆（赤小豆）各适量。

做法：红豆提前浸泡6～8小时，弃水后与大米一起用电饭煲蒸制。红豆（干重）与大米的比例大致为1∶3。

特色点评：白中带红，口感软硬适度，红豆米饭是粗细搭配的典范。做好红豆米饭的关键是红豆要提前浸泡，至少要6～8小时。浸泡时间越长，红豆的口感越软。当来不及长时间浸泡时，可以改用温水浸泡，以缩短所需时间。

营养驿站：红豆的主要营养素含量见本书附表1。像米饭中加入小米、黑米等杂粮一样，米饭中加入红豆、绿豆等杂豆类也是提升米饭营养价值的有效手段。这些豆类多带有完整的外壳，需要提前浸泡，否则要煮很长时间才能熟。

红豆（赤小豆）、绿豆、扁豆、四季豆、蚕豆等杂豆类的营养成分与谷类有相似之处，都含有大量的淀粉。但杂豆类的营养价值更高，其蛋白质、B族维生素和膳食纤维的含量更胜一筹。尤其重要的是，这些杂豆类所含淀粉中绝大部分都是直链淀粉，而谷类以支链淀粉（顾名思义，就是链状分子结构有很多分支）为主。前者消化较慢，升高血糖亦较慢，有助于减轻胰岛素压力，预防妊娠期高血糖（糖尿病）。

晚餐：老醋红菜薹

原料：红菜薹、花生油、十三香、酱油、糖、山西老陈醋、食盐各适量。

做法：红菜薹洗净后用手掰好，热油下锅，依次放入十三香、酱油、糖翻炒，待红菜薹变绿后放醋，红菜薹炒至红紫色后加盐调味出锅。有人抱怨红菜薹越炒越绿，秘密在于最后一定要放醋，红菜薹就又会呈现红紫色。

特色点评：与前述清淡的菜心不同，红菜薹需要浓重的调味，十三香、酱油、糖、陈醋等齐上阵，才能获得较好的口感。蔬菜既可以烹调得非常清淡，又可以烹调得味道浓重，这取决于蔬菜本身的味道以及人们的习惯。

营养驿站：红菜薹又名紫菜薹，原是武汉地区的特产，尤其是洪山菜薹，在唐代已是著名的蔬菜，与武昌鱼齐名。红菜薹的维生素C含量为57毫克/100克，是蔬菜中的佼佼者。其他营养素含量见本书附表2。

红菜薹可清炒、醋炒，亦可麻辣炒。红菜薹的红紫色来自花青素，在烹调过程中，其颜色会因酸碱条件不同而发生变化。在酸性条件下，呈现出红紫色，所以加醋有助于保护其原有色泽。另外，烹调时盖着锅盖，减少接触氧气，也可减轻变色程度。

晚餐：芹菜炒肉

原料：芹菜茎、瘦肉、花生油、十三香、生抽（酱油）各适量。

做法：芹菜茎洗净后切长段，瘦肉切丝。热锅下油，放入肉丝和十三香煸炒，肉丝变色后放入芹菜段，加少许生抽，翻炒片刻之后出锅即可。

特色点评：瘦肉和芹菜一起炒是很有吸引力的。炒的时候要把握火候，既不能太生，会带有一股腥味，又不能太老，吃起来不够爽脆。因为火候的差异，一百个人能炒出一百个味儿来，不过，您也许是最好的那个。

对于初学者，有一个折中的方法，先把芹菜焯水（焯完水再切段，而不能先切段再焯水，否则加剧营养流失），然后再炒，并快速调味出锅。

营养驿站：芹菜很普通，但营养很丰富，主要营养素含量见本书附表2。芹菜茎天生就有淡淡咸味，因为它们含钠比较高。每100克芹菜茎含钠159毫克，大约相当于0.4克食盐。所以烹调芹菜时，要少放盐，甚至不放盐（加了生抽或酱油之后），以避免摄入太多的钠。除芹菜外，茼蒿、甜菜叶、根达菜、茴香菜等也含有较多钠。

加餐：酸奶

营养分析详见第45页。

加餐：核桃

核桃健脑，是一个很古老的说法；孕妇吃核桃宝宝更聪明，是一个很流行的说法。虽然到目前还缺乏足够的证据来支持这些说法，但核桃总归是一种营养价值很高的坚果。它含有丰富的蛋白质、多不饱和脂肪酸、磷脂、维生素E、钾、锌等营养素（主要营养素含量见本书附表7），以及多酚、黄酮类保健成分。还有研究说，每天吃2～3个核桃，或食用5克～10克核桃油，同时减少其他油脂，长期坚持可有效降低患心脏病的危险，也有滋润皮肤的作用。

不过，像其他坚果一样，核桃也含有较多的脂肪和能量，不可多吃，每日2～3个较为适宜。用核桃油代替核桃亦可，把核桃油拌入酸奶一起食用，味道非常好。

孕早期一日营养餐单3		
餐次	餐单	备注
早餐	炒米粉（1盘） 自制豆浆（1大杯） 四川泡菜（1小碟）或其他小菜	叶酸1片
加餐	猕猴桃（1个）	其他水果亦可
午餐	四季豆牛肉蒸面（1大盘） 紫菜虾皮汤（1小碗）	
晚餐	杂粮米饭（1小碗） 蒸蛋羹（1个） 电饭锅蒸鱼（1小条）水煮生菜（1盘）	
加餐	早餐奶1包（250克）	其他奶类亦可

营养标签

食物多样化，营养齐全。清淡、易消化，有助于克服早孕反应带来的进食困难。

专家解读

食物种类符合孕期膳食宝塔要求，主食粗细搭配，蛋类、鱼类、肉类、奶类、大豆类、蔬菜和水果一应俱全。粗粮（杂粮米饭）、绿叶蔬菜（生菜）、奶类（牛奶）、豆类（豆浆）和高蛋白食物（鸡蛋、鱼、牛肉）等都是孕期的重点食物，可有针对性地提供孕早期所需重要营养素。其中鸡蛋、鱼、牛肉、牛奶以及豆浆提供蛋白质、维生素A、B族维生素等；牛奶提供较多钙；牛肉和鱼提供较多铁、锌等；生菜和四季豆富含叶酸、维生素C、β-胡萝卜素、钾等。

炒米粉、牛肉面、蒸蛋羹都是最为普通的食物，适合食欲不佳的孕早期食用。加餐选用猕猴桃和牛奶。

优孕之选

早餐：炒米粉

原料：新竹米粉、瘦肉、葱、豆芽、生抽、辣酱、玉米油各适量。

做法：到超市选购新竹米粉，用凉水浸泡10分钟，瘦肉切丝备用。热锅下油，煸炒肉丝，加入葱段、豆芽，放入调味汁（生抽、辣酱），加水煮沸。把浸泡好的米粉置于锅内不断翻动，至水分收干即可。

特色点评：说是炒米粉，其实是煮米粉，只不过煮到收干水分味道融入米粉中而已。操作极其简单，几乎没什么油烟。

营养驿站：米粉是指以大米为原料，经浸泡、蒸煮、压条等工序制成的条状、丝状米制品，品种众多，有湿米粉也有干米粉，是南方地区常见的主食之一，可煮，可炒。干米粉主要营养素含量见附表1。

与之类似的还有河粉，也是用大米为原料，磨成粉后加水调制成糊状，上笼蒸制成片状，冷却后划成条状。炒牛河是最具广东特色的一款小吃，把牛肉和河粉一起下油锅炒制而成，口味浓郁非常诱人，但用油太多，不推荐孕妇选作早餐。

早餐：自制豆浆

具体做法见第35页。

早餐：四川泡菜

在各种泡菜中，四川泡菜最好吃。味道咸酸、口感脆生、色泽鲜亮、香味扑鼻、开胃提神、醒酒去腻，特别适合孕早期开胃食用。泡菜制作十分讲究，是居家过日子常备的小菜，是中国四川家喻户晓的一种佐餐菜肴。泡菜提供了矿物质和乳酸杆菌（肠道益生菌），也保留了维生素。

新手腌制泡菜最好接受有经验者的指导。基本过程分两步，首先要制作“泡菜水”（养水）。泡菜坛子清洗干净，倒入凉白开至坛子的一半，放入盐（适量）、花椒粒（一小把）、冰糖（数颗）、姜（2大块）、红色尖椒（10根），再放高度白酒（1瓶盖），然后加盖，水封坛沿即加水密封三天，即可养水成功。第四天，把喜爱的蔬菜洗干净，晾干水分，切成适当大小（比如萝卜一劈两半、卷心菜分成4份等），放进坛子里，加盖水封，萝卜3天，卷心菜4天，豇豆5天，蒜薹10天后即可食用。坛子必须置于阴凉地方，严禁油腻脂肪，经常清洗水封坛沿。

四川泡菜对于每种食材的泡制时间都是很有讲究的，一般像莴笋、卷心菜、黄瓜、西瓜皮、白菜、茄子这些水分含量大的食材适合做“洗澡泡菜”，泡1～2小时即可食用。这种泡菜并没有发酵，吸收了泡菜水味道的精华，而且口感爽脆，堪称四川人的发明。另外，这种过水泡菜腌制时间很短，不必担心亚硝酸盐的问题。

加餐：猕猴桃

猕猴桃，又称奇异果，是营养最为丰富的水果之一，口感酸酸甜甜，开胃、助消化，很适合孕早期食用。猕猴桃维生素C含量为67毫克/100克，在水果中名列前茅，其他主要营养素含量见本书附表3。

猕猴桃一旦变软成熟，一两天内就会软烂，较难储存。购买猕猴桃时，一般要选择整体处于坚硬状态的果实，应特别注意有机械损伤，如有小块碰伤、有软点、有破损的果实，最好不要购买，因为它们会迅速腐烂。

不过，坚硬状态的猕猴桃并不好吃，糖分低、

酸度大、酸涩刺口。猕猴桃一定要放熟变软才能食用。果实完整没有破损的猕猴桃需要几天才能变熟、变软，要有耐心等待。把猕猴桃和苹果放在一起，成熟的苹果散发出“乙烯”，可加快猕猴桃变软、变甜。一旦用手指按压猕猴桃两端，感觉不再坚硬（无须很软）就可以吃了。再继续存放，就会过度变软，失去美好的口感。最糟糕的状况是，猕猴桃局部变软、变烂，而其他部分还坚硬难吃。这说明你购买的猕猴桃局部有外伤，是在运输或储存过程中受到粗暴对待所致。

午餐：四季豆牛肉蒸面

原料：牛肉、四季豆、切面（新鲜面条）、花生油、葱花、生抽、料酒、糖、十三香各适量。

做法：热锅下油，葱花爆香，放入牛肉略炒。加入生抽、料酒、糖、十三香，加水焖煮。水分收干前加入切成丝的四季豆翻炒，再添适量水，至四季豆颜色不再翠绿。然后把切面（新鲜面条）铺于上述菜肴表面，加盖蒸，其间沿着锅沿适量添水，面条翻身。面条蒸熟后和菜肴搅拌均匀后即可出锅。

特色点评：有时候一顿饭并非要有几菜几汤才行，像这样一道简单的面食，肉、菜、面合一，既滋味充足，又营养全面。只要遵循有肉、有蔬菜、有面条的基本营养原则，就可以搭配出各种花样来。四季豆牛肉蒸面比较干，搭配一碗虾皮汤十分受用。

营养驿站：现代生活离不开便餐，即简单地吃一顿。便餐也要讲究营养搭配，孕期饮食尤其如此。如何搭配好一顿孕妇便餐呢？有主食、有蔬菜、有高蛋白食物（如鱼、肉、蛋、大豆制品等），就达到了基本要求。

四季豆又称菜豆、豆角、芸豆、梅豆角等，是最常见的鲜豆类蔬菜，

营养价值较高，尤其是蛋白质含量普遍高于其他蔬菜，β－胡萝卜素和膳食纤维含量也普遍较高，维生素B_2含量与绿色叶菜相似。四季豆主要营养素含量见本书附表2。同属于鲜豆类的蔬菜还有毛豆、豇豆、鲜豌豆、荷兰豆等。

未煮熟的四季豆有一定毒性，可引起食物中毒，所以四季豆必须彻底煮熟（翠绿色变成暗绿色）才能食用。生四季豆中的有毒物质皂苷和红细胞凝集素等在充分加热后可完全破坏，因此，煮熟的四季豆是安全的。

午餐：紫菜虾皮汤

原料：西红柿、虾皮、紫菜、葱叶各适量。

做法：西红柿切片，与虾皮、紫菜一起放在水里煮5分钟，出锅后放几个碎葱叶即可。

特色点评：无须爆锅，无须调料，无须任何烹调技巧，利用简单食材

的天然味道，西红柿（酸）、虾皮（咸、鲜）和紫菜（鲜）搭配煮成一碗汤。刚好与口感较干的四季豆牛肉蒸面相配。

营养驿站：紫菜是一种生长于浅海岩石上的藻类植物，呈紫色，种类很多，统称为紫菜。平时食用的紫菜多为干品，营养价值十分丰富，钙含量264毫克/100克，钾含量1976毫克/100克，碘含量4323微克/100克，其他营养素含量见本书附表2。紫菜味道很鲜，适合做汤、做馅，既可以增加鲜味，又增加营养。紫菜包饭、寿司等则是近年非常时髦的吃法。

关于虾皮的营养价值，请参阅孕晚期餐单6。

晚餐：杂粮米饭

原料：燕麦米、大麦米、荞麦米、糯米和大米（五者大致比例是1∶1∶1∶1∶3）。

做法：大麦米、燕麦米和荞麦米提前浸泡8～12小时，弃水后与大米以及糯米混合，用电饭煲按照蒸米饭的方法一起蒸制。

特色点评：做杂粮或杂豆米饭，提前浸泡非常重要。大麦米、燕麦米和荞麦米都是典型的粗粮，外皮很硬，需要较长时间浸泡才能用来做饭，否则不能与大米或糯米同步蒸熟。或者把杂粮提前煮开15～20分钟，再加入糯米和大米。即便经过浸泡，做出的杂粮米饭口感也还是偏硬。加入糯米正是为了增加杂粮米饭的黏糯度。如果吃不惯偏硬的米饭，建议做杂粮粥，只需多加水，长时间熬制即可。

营养驿站：与燕麦片不同，燕麦米是指未经轧制的燕麦粒，既可以煮粥食用，也可以浸泡后加入米饭中。燕麦脂肪含量远高于其他谷类，香味较浓。燕麦是最为典型的粗粮之一，营养价值很高，是膳食纤维和B族维生素的较好来源。

大麦米是指仅去掉谷壳未进一步加工的大麦粒，也是典型的粗粮之一，富含膳食纤维和B族维生素，其主要营养素含量见本书附表1。大麦的产量不低，但直接食用的不多，大多用于酿造啤酒（大麦芽）和饲料。

糯米也称为江米，外形比普通大米细。它并不是粗粮，而是像大米一样属于细粮。只是因为支链淀粉含量更高，口感黏糯，更适合制作风味小吃，如粽子、汤圆、年糕之类。糯米的营养价值与大米类似，其主要营养素含量见本书附表1。

晚餐：蒸蛋羹

原料：鸡蛋2个，温水、盐各适量。

做法：鸡蛋放入碗中打散搅匀，加入温水和盐，鸡蛋和水的比例是1∶2。上笼蒸之前用保鲜膜覆盖碗口，并且用牙签扎几个洞（非常重要）。上笼大火蒸4～5分钟即可。

特色点评：蒸蛋羹操作简单方便，但要想蒸出质地均匀、外表漂亮的蛋羹却并不容易。用保鲜膜覆盖，可以避免蒸出来的蛋羹表面坑洼不平，像一块烂布，但保鲜膜要扎几个洞用来透气、透水。

营养驿站：蒸蛋羹是最容易消化吸收的食物之一，既清淡又美味。蒸蛋羹可以不放盐，或放极少的食盐或生抽即可。若嫌口感单调，还可以在蛋液中添加虾仁、瘦肉末、火腿丝、香菇块等。

晚餐：电饭锅蒸鱼

原料：瓜子斑鱼1小条（不要大的，否则电饭煲放不下）、姜、葱、生抽、橄榄油（或花生油）各适量。

做法：鱼处理干净后放入盘中，放上姜丝、葱丝、生抽及橄榄油。连盘带鱼放到电饭煲的蒸屉中，与米饭一起焖熟即可。

特色点评：用电饭煲在焖饭的同时焖鱼，利用余热，既节省能源，又无须另起炉灶，免受了油烟和事后洗锅的困扰。烹制简单、味道清淡、营养丰富。

营养驿站：瓜子斑是石斑鱼的一种，身体椭圆侧扁，呈瓜子形，带有少许白色的斑点，故而得名。瓜子斑肉质纤维幼细，结实而嫩滑，鱼味浓厚，有雪花般的颜色。更重要的是，该种鱼很容易剔除骨头骨刺，吃起来很方便。瓜子斑是一种比较名贵的海鱼，价格较贵，但个头较小者要便宜一些。

晚餐：水煮生菜

原料：生菜（西洋生菜最佳）、蚝油（或生抽）、花生油各适量。

做法：锅中放水烧开，滴入花生油数滴，加入择洗干净的生菜，焯30秒后捞出。滤干水分，依据个人口味放入蚝油即可。

特色点评：生菜煮熟，佐以蚝油、生抽或其他酱汁食用，简单到不能再简单。最重要的是口味清淡、易于消化，特别适合孕早期食用。

营养驿站：生菜是叶用莴苣的俗称，市面上有多个品种，有叶子散开的，也有叶子卷曲的，叶子颜色有绿色、青色、紫色、红色和白色等。生菜质地鲜嫩，营养价值高，堪称绿叶蔬菜的代表。β-胡萝卜素含量高达1790微克/100克，维生素C13毫克/100克，其他主要营养素含量见本书附表2。

加餐：早餐奶

所谓早餐奶，就是在牛奶中添加了少量白砂糖、麦芽粉、麦片或米粉等含碳水化合物的原料，有的产品还加入香料增香，加入乳化剂改善口感。普通牛奶只含少量的乳糖（3%～4%），加入上述原料后，早餐奶碳水化合物含量增加，更耐饿一点儿，口感也更好，但蛋白质含量有所降低。

早餐奶其实是一种调味牛奶。根据此类产品国家标准（GB 25191—2010）的要求，调味乳中生牛奶或奶粉含量不低于80%，蛋白质≥2.3%。故其营养价值低于纯牛奶和巴氏牛奶（鲜牛奶），后两者蛋白质含量≥2.9%。

选购早餐奶时应特别注意产品配料表，比如有的早餐奶（原麦调味牛奶）添加的主要是白砂糖、麦芽粉；有的早餐奶（麦香味调味牛奶）添加的主要是白砂糖、谷物（麦片、麦芽粉、麦精、米粉、玉米粉）。相比之下，后者要更好一些。

250克早餐奶含能量较多，故晚上加餐不用再搭配坚果。

孕早期一日营养餐单4		
餐次	餐单	备注
早餐	生肉包（3个） 青菜汤（1碗）	叶酸1片
加餐	葡萄（1小串）	其他水果亦可
午餐	全麦馒头（1个） 甜椒炒鱼片（1小盘） 豆腐炖海带（1盘）	
晚餐	菜心粒蛋炒饭（1碗） 杂菌汤（1小碗） 清炒莴笋丝（1小盘）	
加餐	低乳糖牛奶（舒化奶）（1杯） 开心果（30粒）	其他坚果亦可

营养标签

尝试不同的味道和烹调方法，是改善孕早期妊娠反应影响进食的方法之一。一味地清淡无味，反倒不一定有效。在营养均衡的基础上，引入一些不同味道的烹调手段，也许可以促进食欲。

专家解读

餐单体现了食物多样化原则。主食粗细搭配，蛋类（炒饭）、鱼类（草鱼）、肉类（生肉包）、奶类（低乳糖牛奶）、大豆类（豆腐）、坚果类（开心果）、蔬菜（青菜、甜椒、潺菜、莴笋、菜心、杂菌）和新鲜水果（葡萄）一应俱全。有针对性地提供了孕早期所需的重要营养素。鸡蛋、草鱼、瘦肉、酸奶、豆腐、开心果提供蛋白质、维生素A、B族维生素等；低乳糖牛奶和豆腐提供较多钙；草鱼和瘦肉提供较多铁、锌等；蔬菜提供叶酸、维生素C、β-胡萝卜素以及钙、钾等；葡萄主要提供维生素C、钾以及糖类。

甜椒炒鱼片和豆腐炖海带味道浓重；青菜汤、杂菌汤、清炒莴笋丝则十分清淡；生肉包和菜心粒蛋炒饭口味比较适中。多样化的口味给孕妇提供了更多选择。

优孕之选

早餐：生肉包

原料：肉馅儿、大葱、荸荠（粤语称为马蹄）、盐、味精、糖各适量。

做法：大葱切末，和肉馅儿（最好是肥瘦相间）混合后调入盐、味精搅拌，腌制10分钟，加入荸荠（切成细粒），搅拌调匀。注意，馅料不用放油。面粉发酵后，做成面皮，包好馅料，上屉蒸熟即可。

特色点评：生肉包是广东的叫法，其实就是人们常说的肉包子。因为馅料是肥瘦肉，已经有较多脂肪，所以无须再加入食用油。如果馅料是瘦肉，则可加入适量食用油。

肉包子在北方也是极普通的吃食，馅料花样百出，纯肉、纯素、荤素搭配均可。还有各种灌汤包，汤是怎么灌进去的呢？其实可以用一种简单的方法，那就是只要把塑形成功的肉皮冻包入包子中，即可在蒸熟包子的时候得到满意的灌汤效果。

营养驿站：包子是最值得推荐的早餐之一，既清淡又很容易实现营养均衡搭配，有面粉、肉类、蔬菜、食用油，有的还加入鸡蛋、香菇、虾等，几乎所有食材均可入馅，一蒸了之。

荸荠俗称马蹄，又称地栗，因它形如马蹄，又像栗子而得名。荸荠皮色紫黑，肉质洁白，味甜多汁，清脆可口。其营养特点与莲藕相似，可以归入水生蔬菜一类，主要营养素含量见本书附表2。

早餐：青菜汤

原料：潺菜（或其他青菜）、蛤蜊（或超市有售的花甲肉、虾皮、海兔等）、姜粉、盐各适量。

做法：锅中加清水烧开，放入洗净切段的潺菜（或其他青菜），继续烧开，再放入蛤蜊（或超市有售的花甲肉、虾皮、海兔等）略煮，调入姜粉、盐，出锅即可。注意，无须用油，以保持青菜绿色。

特色点评：早餐应尽量吃些青菜，就着包子来一份只要5分钟即可煮好的青菜汤吧。当绿叶菜（潺菜）遇到海鲜（蛤蜊），这道汤菜就立即与众不同了。

营养驿站：潺菜又名大叶木耳菜，叶子形状有点像芥蓝，碧绿青翠。潺菜嫩叶及嫩梢柔软而滑润，适于滚汤，它富含维生素C、钙和β-胡萝卜素。这种菜不招虫子，所以无须农药，食用起来格外安全。

蛤蜊有花蛤、文蛤等诸多品种，它肉质鲜美、营养丰富，特别适合做汤。与之相似的还有花甲肉、虾皮、海兔等多种“小海鲜”，既普便又美味，物美价廉，性价比很高。蛤蜊主要营养素含量见本书附表4。

加餐：葡萄

甜葡萄糖分含量远超过苹果、梨、桃等水果，有的品种含糖量高达20%。像其他水果一样，葡萄中的糖类也主要是葡萄糖、蔗糖、果糖等，但葡萄中葡萄糖和果糖比例更多一些，蔗糖较少。葡萄糖多让葡萄吃起来有清凉感，不觉得甜腻。孕早期食用葡萄，有助于快速提供糖类。此外，葡萄富含钾和镁，在水果当中还有相对较多的铁。其主要营养素含量见本书附表3。

午餐：全麦馒头

具体做法见第50页。

午餐：甜椒炒鱼片

原料：草鱼1条，甜椒、料酒、豆豉、花生油、盐、水淀粉各适量。

做法：把生鱼肉横切片，甜椒切块。热锅下油，放入鱼片，快炒至5成熟时，放入甜椒，翻炒几下后加入料酒、豆豉、盐，翻炒至鱼片熟透，出锅前调入水淀粉勾芡即可。翻炒动作宜轻，以免鱼片破碎。

特色点评：猪肉片炒蔬菜十分常见，但大多数人不习惯把鱼肉切成片和蔬菜混炒。其实可以尝试一下。除了甜椒，尖椒、西蓝花和黄瓜片也可以与鱼片同炒。鱼片也不仅限于草鱼，只要不是鲫鱼、鲮鱼这种骨刺绵密如麻的种类，都可以切片与蔬菜同炒。另外，调味时要用豆豉、料酒等重味，以掩盖鱼腥味。

营养驿站：料酒是在黄酒的基础上加入花椒、大料、桂皮、丁香、砂仁、姜等多种香料酿制而成。主要用于烹调肉类、家禽、海鲜和蛋等动物性原料，可以增加食物的香味，去腥解腻。料酒酒精浓度低，不超过15%，烹调完毕后，大部分酒精受热挥发，存留在菜肴内的极少，对孕妇是安全的。

午餐：豆腐炖海带

原料：豆腐1块，干海带少许，花生油、郫县豆瓣各适量。

做法：海带泡发，切块；豆腐切成小块。热锅下油，加入郫县豆瓣爆香后加水，水烧开后放入豆腐块和海带。大火煮沸后改用小火慢煮，收汁即成。

特色点评：郫县豆瓣在选材与工艺上独树一帜、与众不同，不加香料和油脂，但色、香、味俱佳，是川味食谱中常用的调味佳品，被称为川菜之魂。除郫县豆瓣之外，醪糟和泡菜也是做好川菜的关键。很多人做不出川菜的味道，其实是不知道运用郫县豆瓣、醪糟和泡菜。

豆腐切成块后怎样才不容易碎烂呢？把切好的豆腐块放入加了柠檬汁的清水里浸泡一下，然后再烹制就会令豆腐比较有韧劲，不易碎。

营养驿站：就钙含量而言，豆腐无疑是大豆制品中的佼佼者。市场里切块卖的一块豆腐（约400克），含钙量大致就与两包300毫升利乐包装的牛奶相当。其他主要营养素含量见本书附表5。

豆腐为何含有如此多的钙呢？首先，黄豆的生长过程就在汲取土壤中大量的钙。更重要的是，在豆腐制作中所加入的凝固剂，如学名叫硫酸钙的石膏，含氯化钙的卤水，又会使豆腐含钙量猛增。用两大把黄豆（含钙286毫克）做出一块将近半斤的豆腐（含钙738毫克），含钙量增加了1.6

倍，这些增加的钙，主要就来自凝固剂。因为凝固剂使大豆制品含钙量大增，所以豆腐中钙含量远超过黄豆、豆浆、腐竹等未添加含钙凝固剂的制品。并且，豆腐钙含量高低与豆腐的“老”或“嫩”有关，老豆腐钙含量高于嫩豆腐，而用不含钙的“葡萄糖酸内酯”作为凝固剂的内酯豆腐钙含量就更低，一大盒（350克）的内酯豆腐仅含60毫克钙。

凡像豆腐一样使用含钙凝固剂的大豆制品，如干豆腐、豆腐丝、素鸡、豆腐皮等都含有较多的钙。如果说奶类是钙的最佳来源的话，这些富含钙的大豆制品则是实至名归的第二。

海带是含碘极多的食物之一，100克干海带含碘36240微克，这大概相当于1800克加碘盐的碘含量。即使每天吃1克干海带，其含碘量也高达约360微克，已超过孕妇每天碘的需要量（230微克）。孕妇每周吃一两次如此高碘的食物即可补充多量的碘。要强调，孕妇每次吃海带不要太多，每周也不要吃很多次海带，否则容易导致碘过量。

晚餐：菜心粒蛋炒饭

原料：米饭、菜心、鸡蛋、花生油、低钠盐各适量。

做法：菜心取梗（不要叶子）切成粒状。热锅下油，先炒菜心粒，然后加入米饭炒散，出锅备用。锅内重新加少许油，油热后文火炒鸡蛋，搅拌使之不要结成大块，成形后倒入炒好的米饭混匀，放入适量低钠盐调味即可出锅。

特色点评：炒饭是最普通的吃法，而且可以做出各种花样。火腿肠、牛肉粒、青椒、胡萝卜、鲜玉米粒、香菇等各种食材均可切粒后炒饭。

营养驿站：炒饭往往要放很多烹调油，做好健康炒饭的第一要点就是少放油。炒饭吃的应该是米饭和鸡蛋的混合香味，而不是油腻腻的油香。除此之外，做好炒饭还要注意以下几点。

首先要用隔夜饭。米饭做好，隔夜放置后充分回生，淀粉老化之后再炒，口感软而不黏，粒粒相隔又相连，口感最佳。

其次，根据口味偏好，可加入火腿肠碎末、尖椒末、胡萝卜末、黄瓜碎末、青豆、虾蓉等，但原则是不要太复杂，加的东西多固然有利于营养，但味道太多反倒掩盖了蛋炒饭的原味——蛋香和米香。

最后，就是蛋炒饭一般不需要加味精，因为鸡蛋有增味的作用。

晚餐：杂菌汤

原料：几种食用菌适量，如滑子菇、平菇、杏鲍菇、牛肝菌等，盐适量。

做法：干蘑菇泡发，鲜蘑菇洗净，切块或切片。冷水下锅，大火烧开后改用小火慢煮5～10分钟，出锅前加入食盐即可。

特色点评：杂菌汤看似容易做，但要做到好喝就需要点构思了，需要尝试多次，才能做得味道鲜美。不论是鲜蘑菇还是干蘑菇，煲出的汤不要画蛇添足地使用味精或鸡粉。松茸很香但不宜多放，牛肝菌口感滑脆特别受欢迎，可以多放，不过价格不菲。

营养驿站：我们经常会问“哪种食用菌营养价值最高”“木耳和银耳哪个更有营养”“松茸是最好的食用菌吗”之类的问题。各种食用菌的外观、味道、产地、栽培条件都不尽相同，在营养素含量方面也的确有差异。但重要的是，它们亦有很多相似之处，在营养价值方面甚至可以用“大致相同”来概括。千万不要认为食用菌价格越贵，营养价值就越高。虽然商家乐于宣传越珍贵健康价值就越高，但食用菌的价格主要由产量、栽培成本、口感、用途，以及人们不恰当的追捧决定，与其营养价值并无内在联系。因此，消费者没必要陷入无聊的比较当中，因地制宜地多吃一些食用菌才是硬道理。

晚餐：清炒莴笋丝

原料：莴笋1根，玉米油、食盐各适量。

做法：莴笋去皮后切成细丝。热锅下油，放入莴笋丝翻炒，炒熟后加食盐调味即成。

特色点评：清爽可口的莴笋丝，只用极少的烹调油烹炒，与完全无油的杂菌汤一起，跟菜心粒蛋炒饭相配。尽管炒饭中的油难免会多一些，但本餐食用油总量并不是很多。

营养驿站：莴笋肉质细嫩，生吃热炒均相宜。莴笋富含钾，含量为212毫克/100克，但维生素C含量不高，为4毫克/100克。其他主要营养素含量见本书附表2。

莴笋叶的营养价值也不错，其β-胡萝卜素含量是莴笋茎的5.9倍，维生素C含量为13毫克/100克。因此，清炒莴笋叶就是不错的选择，丢弃不吃实在是太可惜了。

加餐：低乳糖牛奶（舒化奶）

奶类天然含有乳糖，在加工过程中，往牛奶里加入乳糖酶，使乳糖分解，制成低乳糖牛奶。为什么要减少乳糖呢？这就必须从乳糖的特点说起了。

奶类天然含有的乳糖让人又爱又恨。它有很多独特的优点，如甜度低（对保护牙齿有利）；可促进钙、铁等矿物质吸收；有益于肠道正常菌群等。但它也有一个很大的缺点，就是有相当一部分人因肠道缺乏乳糖酶而无法消化它。不被消化的乳糖进入大肠后，可被大肠菌群发酵（产生气体等），或直接因渗透压增高而导致腹胀、腹部不适、腹泻、腹痛等轻重不一的消化道症状。这种现象称为"乳糖不耐受"。很显然，低乳糖牛奶最直接的目的就是避免乳糖不耐受，特别适宜于喝奶后腹胀不适的乳糖不耐受者。当然，普通人选用这种牛奶也是可以的。

在低乳糖牛奶的基础上，又开发出了低乳糖低脂肪牛奶。当喝一般低脂牛奶腹胀不适时，可选用这种低乳糖低脂肪牛奶。

加餐：开心果

坚果堪称营养宝库。一粒小小的开心果，至少有以下8种有益物质蕴藏其内：油酸、维生素E、原花青素、叶黄素、白藜芦醇、槲皮素、植物甾醇和膳食纤维。其他主要营养素含量见本书附表7。

油酸是最主要的一种单不饱和脂肪酸，既可以降低血液总胆固醇和低密度脂蛋白胆固醇（"坏"胆固醇，是造成动脉粥样硬化的首要致病因子），又可以提升高密度脂蛋白胆固醇（"好"胆固醇，有助于防止动脉粥样硬化的发生和发展），因而被认为是最有益于心脑血管系统健康的脂肪酸。橄榄油因含有高比例的油酸而风靡一时，但似乎很少有人知道，开心果也含有较多的油酸，其含量占开心果所含脂肪的一半以上。除油酸外，植物甾醇也具有降低血脂的作用。

维生素E、原花青素、叶黄素、白藜芦醇、槲皮素等均具有抗氧化、清除自由基作用。原花青素（OPC）是赫赫有名的葡萄子（提取物）的主要成分。白藜芦醇是红酒中有益健康的物质基础之一。叶黄素最引人注意的作用是能保护视网膜。槲皮素是一种类黄酮。

在此提醒大家，一些加工者使用漂白剂给开心果“美容”，以获得更好的卖相或掩盖杂色霉斑，因此在购买开心果时一定要注意“黄壳、紫衣、绿仁”的产品特征。

孕早期一日营养餐单5

餐次	餐单	备注
早餐	法棍面包（半个） 牛肉汤（1碗）	叶酸1片
加餐	苹果（1个）	其他水果亦可
午餐	烙饼（1个） 懒人冬瓜（1块） 菜干猪骨老火汤（1小碗）	
晚餐	杂粮粥（1碗） 豉汁蒸杂鱼（2条） 菠菜木耳炒豆腐干（1盘）	
加餐	纯牛奶1袋（250克）	

营养标签

西式早餐及更加富于变化的烹调方法，可以调动食欲。同时，食物种类非常多样，而且营养齐全。

专家解读

杂粮粥是典型的粗细搭配主食。蛋类（鹌鹑蛋）、鱼类（小黄鱼）、肉类（牛肉、猪骨）、奶类（纯牛奶）、大豆类（豆腐干）、蔬菜（冬瓜、菠菜、木耳、胡萝卜、洋葱等）和水果（苹果）基本齐全，多采用易于消化的烹调方法。这些食物有针对性地提供了孕早期所需的重要营养素。其中鹌鹑蛋、纯牛奶、小黄鱼、牛肉、排骨、豆腐干等提供蛋白质、维生素A、B族维生素等；纯牛奶和豆腐干提供较多钙；牛肉、排骨、小黄鱼提供较多铁、锌和DHA等；菠菜等蔬菜和水果可提供叶酸、维生素C、β-胡萝卜素、钙、钾等。

法棍面包和牛肉汤是典型的西式早餐。菜干猪骨老火汤、豉汁蒸杂鱼等菜肴则是中餐的经典。懒人冬瓜、菠菜木耳炒豆腐干别有一番风味。孕妇可以在膳食均衡的前提下有更多选择。

优孕之选

早餐：法棍面包

法棍面包是法式长棍面包的简称，长者可达1米，标准直径5厘米～6厘米。早餐选用法棍面包水分较低，质地偏硬，刚好用牛肉汤来软化。法棍面包是一种由特殊工艺制作的面包，不加油脂（或几乎不加）、乳粉，有的甚至也不加糖，只用面粉、水、盐和酵母四种基本原料。其特色是表皮松脆，内心柔软而稍具韧性，越嚼越香，充满浓郁的麦香味。

早餐：牛肉汤

原料：牛肉、洋葱、土豆、西红柿、胡萝卜、胡椒粉、黄油、盐各适量。

做法：牛肉切粒，然后将牛肉粒、洋葱圈、土豆块、胡萝卜块、西红柿粒放入锅中，加上盐、胡椒粉、少许黄油，以及足够的水，煮1小时即可用于第二天的早餐了。

特色点评：法棍配牛肉汤，很有西式早餐的味道，营养既全面又丰富。牛肉汤的配料可以根据个人喜好来添加，甜、酸或辣各随其便。因为煮制的时间很长，所以一般需要晚上提前做好，第二天早餐稍加热再食用。当然，如果使用具有定时启动功能的电饭煲，早餐就可以吃上新鲜的牛肉汤了。

营养驿站：牛肉比猪肉硬，制作有难度，往往需要加热更长的时间。这主要是因为牛肉蛋白质更多，脂肪更少。也正因为如此，吃牛肉比吃猪肉更加健康。牛肉的营养十分丰富，富含蛋白质、维生素A、B族维生素、铁、锌等。其主要营养素含量见本书附表4。

加餐：苹果

苹果营养很丰富，不但含有普通的果糖、B族维生素、维生素C、维生素E、胡萝卜素及钾等营养素（主要营养素含量见本书附表3），还含有果胶、有机酸、多酚类、黄酮类等有益成分。这些成分赋予苹果甜酸的味道。有机酸（苹果酸、枸橼酸）能刺激胃液分泌，促进消化；果胶是一种可溶性的膳食纤维，具有润燥通便的作用；多酚类、黄酮类等成分与维生素构成抗氧化系统，可及时清除体内代谢垃圾，对预防心脑血管疾病以及美容、健身具有很好的作用。

苹果是最常见的水果，且种类多样，如红富士、国光、红玉、嘎拉、乔纳金、美国蛇果等比较多见，几乎一年四季都可买到，食用方便、容易储存。

午餐：烙饼

原料：面粉（可选用部分全麦粉）、酵母、葱花、五香粉、糖、花生油各适量。

做法：冷水和面，并加入酵母。加酵母时有一个可使酵母与面团均匀混合的小窍门，即先用少量面粉和较多水混合成稀稀的一碗，把酵母加入其中充分搅拌混匀，然后再把这碗液体倒入干面粉中和面。面和好后放置发酵（注意保温）1小时。葱花、五香粉、糖、花生油等调味品放入碗中调匀备用。待面团发好后分成若干个小面团，并用擀面杖将小面团压成面皮，放上调好的调味品，卷起，擀压成饼状放入煎锅中，小火慢慢烙熟即可。

特色点评：不同的人烙出来的饼的风味常常不同，这是由于面粉的选用、发酵时间、调味品以及烙制的火候各不相同。实际上，即使是同一个人也可以烙制出不同味道的烙饼。这也是我们推荐孕妇选用烙饼的理由，可以变换风味，不像馒头、米饭那样单调。

营养驿站：烙饼通常要加一些食用油，而孕妇需要控制食用油的摄入，所以我们不建议外出购买烙饼，它们常常加入过多的油，而且更让人担心的是油的品质可能不高。家庭制作烙饼，首先能少放油，其次可选用一些橄榄油、油茶子油、亚麻油、核桃油等，更适合孕妇营养需要。

午餐：懒人冬瓜

原料：冬瓜一截（约5厘米厚），鹌鹑蛋（熟的）3～5个，金针菇、肉丝、虾仁、玉米油、生抽、葱花、姜粉、盐、水淀粉各适量。

做法：冬瓜去皮，稍微雕一下，成为桶状，上屉蒸熟放入碟中。另起锅下油，用葱花爆锅，放入肉丝、金针菇、鹌鹑蛋、虾仁翻炒，加入姜粉、生抽和盐调味，炒熟后用水淀粉勾芡，倒入“冬瓜桶”中即成。

特色点评：所谓懒人冬瓜，就是可以不动脑子、不费力气，把上述食材炒一炒，略加调味，装入冬瓜桶中即可。其实，还不止于上述食材，只要是自己喜欢吃的、手边有的荤素食材都可以拿来炒炒，装入冬瓜桶。

营养驿站：很多孕妇感慨按照营养原则每天应该吃的食物种类太多，难以做到。如果你掌握了类似懒人冬瓜这样的烹调技巧，相信要吃多少种食物都不再是难事了。蛋类、虾、鱼丸、食用菌、瘦肉、蔬菜、大豆制品、坚果等各种食材，均可作为填充物，装入“冬瓜桶”中。营养搭配的最高境界，恰如此菜，一个“杂”字就是精髓。

冬瓜并非产于冬天，取名为冬瓜是因为瓜熟之际，表面上有一层白

粉状的东西，就好像是冬天所结的白霜。冬瓜产量大，耐储藏，是夏秋季节很常见的蔬菜品种之一。冬瓜维生素C和钾的含量在常见蔬菜中位居中游，含量分别为18毫克/100克和78毫克/100克。其他主要营养素含量见本书附表2。

金针菇是一种人工栽培食用菌的幼苗，菌盖滑嫩，柄脆，味美适口。焯水后凉拌、炒、炝、熘、烧、炖、煮、蒸、做汤均可。金针菇主要营养素含量见本书附表2。

鹌鹑蛋的重量大约只有鸡蛋的1/10，其营养价值与同等重量的鸡蛋相仿，含蛋白质12.8%，脂肪11.1%。胆固醇含量亦与鸡蛋接近，为515毫克/100克。鹌鹑蛋主要营养素含量见本书附表4。

午餐：菜干猪骨老火汤

原料：猪脊骨、胡萝卜、白菜干、蜜枣、盐各适量。

做法：猪脊骨氽水除血沫。白菜干浸泡洗净，清除芥蒂。胡萝卜切块。汤锅水开后放入除食盐外的其他原料，大火烧开半小时后再改用小火煮1小时，加盐调味出锅。记住，既要饮汤，又要吃猪骨。

特色点评：煲汤是很传统的烹调方法，被大多数人喜爱。老火汤的要点是火要猛，时间要长，食材要扛得住熬，滋味才能出来。猪脊骨和白菜干正是这样的食材，无须更多调味，汤味醇厚。

营养驿站：很多人喜欢喝汤，却不知道营养主要还是留在“渣”里。汤里面熬出来的只是一部分水溶性的维生素、矿物质和大量含氮浸出物。后者使汤味鲜美、开胃，有助于消化，但几乎没有营养价值。所以喝汤之后，千万不要忘记吃“渣”，别做喝汤弃“渣”的傻事。

白菜干是白菜晒干而成，既“甜”又“软”，适合用于煲粥、煲汤，在珠三角一带非常流行。它与“梅干菜”（霉干菜）有所不同，后者要经过发酵之后再晒干。白菜干或者梅干菜虽然在烹调中使菜肴风味独特，但营养价值不高。蔬菜在晒干过程中，维生素几乎损失殆尽。

晚餐：杂粮粥

原料：大米、糯米、大麦、燕麦米、红豆、绿豆、薏米各适量（数量依次减少）。

做法：除大米和糯米外，其他粗粮要用水浸泡8小时左右。所有原料与约3倍的水一起放入电饭煲，按下煮粥键之后就可以等着吃了。

特色点评：谷类和杂豆类粗细搭配，不同颜色互相组合，口感有糯有硬。杂粮粥通常比杂粮米饭更容易被初尝者接受。用电饭煲煮杂粮粥简单方便，只需在原料上稍费心思。喜欢甜味的可以加一点糖或者大枣、桂圆等，但不建议加碱或盐。

营养驿站：白米粥一向被视为“最养人”的食物，但其实营养价值很低。经过精细加工的白米，其本身营养价值就不高，经过长时间加热煮制成粥，维生素进一步被破坏。白米粥的唯一优势可能是容易消化，但这对需要增加营养摄入的孕妇并无意义。恰好相反，白米粥进食后升高血糖的作用更强，不利于防治孕期高血糖。

杂粮粥的优势是营养更丰富，升高血糖的作用较弱，故而更适合孕妇食用。杂粮粥的原料可以非常随意，但至少应该有谷类和豆类，这两类食物营养互补，堪称绝配。当然，杂粮粥中还可以加入坚果（如花生、莲子）、干果（如干枣、桂圆、枸杞）和大豆（如黄豆、黑豆）等，营养更为全面。至于口感，就各取所爱吧。这些五谷杂粮一般可以在菜市场买到，如果不会搭配，可以去超市买组合出售的杂粮包。

用电饭煲煮杂粮粥比较省事，无须值守。但就营养而言，用高压锅煮杂粮粥要更胜一筹。高压锅使温度更高，可以达到108℃～120℃，加之压力增高，烹调速度加快，时间缩短为电饭煲的1/3，上气之后煮10多分钟即可关火。烹调时间缩短，又是密封，所以营养流失或破坏较少，保留更多。因此煮杂粮粥还是用高压锅好，但需要有人值守。

众所周知，煮粥不要加碱，否则会破坏营养。但在不加碱的情况下，如何使粥黏稠润滑，接近加碱的效果呢？糯米、黏黄米中的支链淀粉可增加黏度；燕麦中的β－葡聚糖也提供黏度。因此，杂粮粥原料中要有糯米、黏黄米、燕麦等，可使口感更好。

枸杞、大枣、桂圆等不是杂粮粥的必需原料，但它们不仅具有滋补作用，而且提供了自然的甜味，喜欢甜粥的可以一试。

晚餐：豉汁蒸杂鱼

原料：小黄鱼若干条，大蒜、阳江豆豉、生抽、料酒、芡粉（淀粉）、胡椒粉、葱花各适量。

做法：小黄鱼洗净处理好之后码放盘中。将阳江豆豉和大蒜剁碎，拌入生抽、芡粉、料酒，以及少许胡椒粉、葱花，浇到鱼身上，上笼屉蒸7～8分钟即可。

特色点评：小黄鱼是海边一种长不大的小鱼，外观与黄花鱼相似，但肉质不会糜烂且味道鲜美。江浙一带有“六月黄花小人参”的谚语，说明这种鱼的营养价值不低。北方沿海以及珠江三角洲一带也盛产这种鱼，分别称为“大头宝”和“黄眉头”。烹制这种小鱼的方法有椒盐、酥炸、清蒸，其中清蒸最好吃，不失本味，而且是最为营养健康的做法。

营养驿站：各种鱼的营养大同小异，孕妇只管找当地容易买到、品种多样的鱼来吃就对了。活鱼或新鲜的鱼适合清蒸；不怎么新鲜或有特殊味道的鱼适合焖或红烧；个头较大、刺较少的鱼还可以切片炒；个头较小、鱼身较薄的鱼可以煎。炸鱼虽然广受欢迎，但并不是一种可取的烹鱼方法，营养容易遭到破坏，脂肪大幅度增加，或可产生有害物质，建议孕妇避免食用。

晚餐：菠菜木耳炒豆腐干

原料：菠菜、木耳、豆腐干、葱花、姜粉、花椒粉、生抽、盐、玉米油各适量。

做法：菠菜洗净，放入开水锅焯一下，沥干备用；木耳泡发好，也放入开水锅焯一下，备用；豆腐干切成片状或条状。热锅下油，油热后放入葱花爆香，先后放花椒粉、豆腐干、木耳和菠菜翻炒几下，再放生抽、姜粉和盐继续翻炒至熟即可。

特色点评：绿叶蔬菜（菠菜）、大豆制品（豆腐干）和菌类（木耳）三者搭配可算为最富于营养的菜肴组合之一。操作简单、口味清淡、易于消化，非常适合孕早期食用。

营养驿站：菠菜是营养最为丰富的绿叶菜之一，其β-胡萝卜素含量高达2920微克/100克，维生素C32毫克/100克，钾311毫克/100克，其他营养素含量见本书附表2。不过，菠菜含有较多草酸，草酸不但在肠道抑制钙、铁等矿物质吸收，进入血液后还增加患肾结石的风险。所以，菠菜烹调前应该先焯水，以去除大部分草酸。一直有传言说菠菜不能跟豆腐、豆腐干等大豆制品一起食用，因为草酸会抑制钙吸收。其实，只要正确加工（焯水），菠菜中的草酸不会产生有害作用。

加餐：纯牛奶

所谓纯牛奶，是指全部以牛奶为原料（不用奶粉），经过132℃超高温消毒的液态奶。它其实是一种超高温灭菌乳。按照此类产品国家标准（GB 25190—2010）的要求，其蛋白质≥2.9%（羊奶≥2.8%）。如果原料全部或部分以奶粉为原料，就不能称之为“纯牛奶”，而应标明“复原奶”或“含××%复原奶”。

250克牛奶含能量较多，故晚上加餐不再搭配坚果。

孕早期一日营养餐单6		
餐次	餐单	备注
早餐	奶酪+全麦面包+火腿　蔬菜沙拉（1小盘）	叶酸1片
加餐	柑橘（1个）	其他水果亦可
午餐	豆沙包（1个）　豆芽炒肉（1盘）　节瓜乌贼汤（1小碗）	
晚餐	杂豆米饭（1小碗）　姜葱炒梭子蟹（1个） 洋葱胡椒牛仔骨（数块）　蚝油菜心（1盘）	
加餐	豆浆（1大杯）　西瓜子（1小把）	其他坚果亦可

营养标签

丰富的西式早餐，清淡调味的中式午餐和晚餐，食物多种多样，营养齐全。

专家解读

豆沙包、杂豆米饭都是粗细搭配的主食。奶类（芝士）、蛋类（鸡蛋）、鱼虾（螃蟹、乌贼）、肉类（牛仔骨、火腿、猪肉）、大豆类（豆浆、豆芽等）、蔬菜（菜心、节瓜、洋葱等）、水果（橘子、柚子等）和坚果（西瓜子）样样齐全。这些食物有针对性地提供了孕早期所需的重要营养素。其中，芝士（奶酪）、鸡蛋、乌贼、牛仔骨、火腿、猪肉和豆浆等提供蛋白质、维生素A、B族维生素等；芝士和豆浆还提供较多的钙；牛仔骨、火腿、猪肉还提供较多的铁、锌等；菜心等蔬菜和橘子可提供叶酸、维生素C、β-胡萝卜素以及钙、钾等。

芝士、面包、火腿和蔬菜沙拉是西式早餐。午餐和晚餐则是清淡烹调的中餐，荤素搭配，有蔬菜、肉、海鲜、汤。多样化的食物配以多样化的烹调，可以有效调动食欲。

优孕之选

早餐：奶酪+全麦面包+火腿

原料：奶酪（芝士）、全麦面包、西式火腿各适量。

做法：奶酪和火腿切成薄片，面包切成厚片。两片面包夹住数片奶酪和火腿即可。

特色点评：面包、奶酪和火腿构成了典型的西式早餐，营养十分丰富。吃惯了中式早餐偶尔尝试一下西式的，说不定刚好迎合了孕早期变化多端的食欲，还使食物品种更多样。奶酪、全麦面包和西式火腿在大型超市里均可买到。

营养驿站：奶酪又称干酪或芝士，是通过乳酸菌发酵（或用凝乳酶）使牛奶蛋白质（主要是酪蛋白）凝固，并压榨排出乳清，使酪蛋白浓缩制成的奶制品。通常，500克牛奶才能制成50克奶酪，所以奶酪中各种营养

素，如蛋白质、钙、维生素A、维生素D和B族维生素等含量远高于牛奶和酸奶，主要营养素含量见本书附表6。此外，奶酪加工经过发酵并排出乳清，故基本不含乳糖，特别适合喝奶后腹胀的乳糖不耐受者。不过，超市里更多的不是纯奶酪（国家标准是GB 5420—2010），而是“再制干酪”（国家标准是GB 25192—2010），即把奶酪中添加其他原料再加工，以改善口味。这种再制干酪风味比纯奶酪好一些，但因为只含一部分奶酪，所以营养价值较低。消费者购买时要注意“再制干酪”字样。

全麦面包的营养价值比白面包高很多，又属于粗粮的范畴，故我们推荐孕妇吃全麦面包。超市购买的全麦面包往往并不是用100%全麦粉制作的，而是用一部分全麦粉与白面粉混合发酵烘焙而成，其颜色微褐，肉眼能看到很多麦麸小粒，质地亦较粗糙。然而，并非颜色发褐的面包就一定是全麦面包，有些产品加焦糖色素染成褐色，再点缀少许麸皮，冒充全麦面包，但其本质仍然是白面包。消费者购买的时候，首先要看面包配料表是否有全麦粉，其次要看到足够多的麦麸碎片，且口感较粗糙，才能认定是全麦面包。那些暄软可口的面包，不论颜色如何，也不论是否点缀麦麸或燕麦片，都不是全麦面包。

这里的西式火腿是用新鲜猪腿，经去皮、剔骨、干腌、湿腌、洗涤、模压、煮制等工序制作而成，与超市里花样繁多的火腿肠完全不同。各色火腿肠的原料肉品质不高，添加相当比例的淀粉以及食用胶、亚硝酸盐、色素、防腐剂、增味剂、香精等多种食品添加剂，它们虽然好吃，但营养价值很低，再加上添加剂太多，我们不建议孕妇食用。

早餐：蔬菜沙拉

原料：土豆（马铃薯）、西红柿、柚子、沙拉酱各适量。

做法：土豆煮熟后切块，西红柿也切块，与柚子肉一起拌入沙拉酱即成。

特色点评：这道菜简单方便，而且可以根据自己的口味偏好选用方便的食材搭配，兼顾口感（有酸有甜）、颜色（有红有白）和营养（新鲜多样）。

营养驿站：市面上的沙拉酱有蛋黄酱、千岛酱等，配料中一半以上是食用油，其次是蛋黄等，显然其脂肪含量很高，1茶匙蛋黄酱含脂肪12克。自己做沙拉酱（蛋黄酱）也很简单，用电动打蛋器一边打蛋黄一边加入食用油即可将蛋黄乳化并打发，待打发后拌入白醋、糖水，或在蛋黄打发后继续打一会儿并加入糖粉即可。不过，自己做的沙拉酱脂肪含量也不少，孕妇也得少吃。建议孕妇用西红柿沙司、酸奶代替沙拉酱，这样可以减少脂肪摄入。

加餐：柑橘

柑橘是一个笼统的称呼，包括好几种外表相似但分类不同的水果，如橘子、芦柑、甜橙、脐橙、蜜橘、金橘、广柑等。有时候，连柠檬、柚子等也可包括在内。柑橘是最常见、最受推崇的水果之一，营养价值很高，其中β－胡萝卜素平均含量高达890微克/100克，维生素C含量为28毫克/100克，其他主要营养素含量见本书附表3。

柑橘含有较多有机酸，掩盖了甜味，致使柑橘吃起来并不是很甜。但其含糖量是比较高的，12%左右，可以为孕妇快速提供糖类。

橘子与牛奶不能一起吃的说法流传甚广，但其实是毫无道理的。橘子含有较多有机酸，有机酸加入到牛奶中，因为酸碱度的作用，可以使牛奶蛋白质变性凝固，出现絮状沉淀。这让人产生错觉，橘子和牛奶不能一起吃。实际上，牛奶不与橘子一起吃，到胃中在胃酸的作用下蛋白质也会变性凝固，成为絮状沉淀或凝块。这其实是正常的消化过程。所以，橘子与牛奶一起吃有助于消化，堪称绝佳搭配。

柑橘含有很多胡萝卜素，大量食用时积蓄在体内会使皮肤泛黄，虽然一般并无害处，但还是应该避免。况且，从均衡膳食的角度，任何水果都不要大量食用。

午餐：豆沙包

原料：红小豆（或红芸豆）、面粉、酵母、糖各适量。

做法：面粉用酵母发好。红小豆用清水浸泡数小时，下锅煮熟（大约1小时，用高压锅可缩短时间），要注意收汁，不要太稀也不要太干。把煮好的红小豆搅拌并加适量糖，使之变成馅料。将发酵饧好的面团擀成面饼，包入豆馅，捏紧成球形。冷水上屉，开锅后蒸10分钟即熟。

特色点评：大多数超市里都有豆沙包售卖。与家庭自制的豆沙包不同，它们的馅料更细（过滤去皮），加入更多糖或甜味剂，很多还要加入淀粉充数。过滤去皮损失膳食纤维，加之豆沙不纯，其营养品质与自家制作的豆馅相差甚远。自家制作的豆沙包才是真正粗细搭配的主食。

营养驿站：红小豆又名赤豆、赤小豆、红豆等，是最常见的杂豆之一。因为富含淀粉，含量为60%左右，蒸熟后呈粉沙性，而且有独特的香气，故特别适合制作豆沙馅。红豆还含有较多蛋白质，含量为20.2%，钾、铁、硒和磷的含量也较多，主要营养素含量见本书附表1。红小豆还

可以用于煮饭、煮粥，还可做赤豆汤或冰棍、雪糕之类。

除红小豆外，红芸豆（红菜豆）也可用来做豆沙馅。红芸豆个头较大，扁长形。红芸豆淀粉、蛋白质的含量与红小豆十分接近，胡萝卜素、钾、铁等含量亦不输于红小豆。红芸豆主要营养素含量见本书附表1。

杂豆类之所以作为粗粮推荐，不仅因为淀粉和蛋白质含量较高，还与带皮食用有很大关系。红豆皮既富含维生素，又富含膳食纤维和多酚类抗氧化物质，豆皮颜色越深，抗氧化作用就越强。因此，吃杂豆最好不要去皮，如果为了获得细腻的口感，把豆皮丢弃就得不偿失了。

午餐：豆芽炒肉

原料：绿豆芽（黄豆芽亦可）、猪瘦肉、大豆油、葱、姜、生抽、盐各适量。

做法：绿豆芽洗净后沥干，瘦肉切丝。热锅下油，用葱、姜爆香后放入瘦肉丝，翻炒至肉丝变色时放入豆芽，继续翻炒，加生抽、盐调味即成。

特色点评：这道菜操作极其简单，不仅味道清淡可口，而且荤素搭配营养也不错。还可以加入少许韭菜、粉丝，使内容及口感更为丰富。

营养驿站：绿豆芽的营养价值较高，尤其是维生素C的含量丰富，为6毫克/100克。其他主要营养素含量见本书附表2。黄豆芽的营养价值与绿豆芽相仿。不过，去市场上买豆芽时要注意，那种卖相极好，个头均匀（每一根都有20多厘米左右长），没有根须，颜色鲜嫩，干净漂亮的豆芽往往并不安全。2011年4月，沈阳市警方曾破获“毒豆芽”大案。沈阳市场1/3的豆芽都含有亚硝酸钠、尿素、恩诺沙星、6-苄基腺嘌呤激素等多种有害物质。为了卖相好，不法商贩先用“无根剂”和“亮白速长防腐剂”浸泡，然后用“84”消毒液冲洗，最后再漂白，等等。这些加工方法生产

出来的豆芽是不能食用的。

自家发制豆芽既安心又简单。每次将100克绿豆或黄豆用温水浸泡12小时；在平底、广口容器（小盆、塑料饭盒等）底铺上6层干净毛巾，以凉水湿润；将泡好的绿豆或黄豆均匀铺在毛巾上，再盖上2层毛巾，洒上凉水，避光、室温放置；每天早晚用清水冲洗一次，去除脱落的豆皮，重新放回容器，并保持容器内微湿、温暖。水不要太多，否则易生根。一般需要一周左右即可食用。

午餐：节瓜乌贼汤

原料：节瓜1个，小乌贼（干货）、鸡蛋、盐各适量。

做法：干乌贼用清水浸泡6小时，以释放多余盐分。节瓜去皮切块。

锅内加水，放入乌贼、节瓜同煮。节瓜煮熟后，打入一只鸡蛋做蛋花，放少量盐调味即可。

特色点评：这是一道无油的汤品。利用干乌贼的鲜味和鸡蛋的香味，烹制清淡的节瓜。节瓜是南方蔬菜，由于物流发达，国内各地几乎都可买到。乌贼干货也比较常见。

营养驿站：节瓜又名毛瓜，是冬瓜的一个变种。如果买不到节瓜，用冬瓜代替节瓜亦可。节瓜富含维生素C，含量高达39毫克/100克（大约是冬瓜的2倍）。其他主要营养素含量见本书附表2。

利用干乌贼、干鱿鱼、扇贝干、海胆干、虾干、虾皮、海米、紫菜等海产干货的鲜味（还有咸味），配以新鲜的蔬菜，如西红柿、节瓜、冬瓜、黄瓜、青菜等一起煮汤，不但口味讨巧、开胃，而且营养丰富，非常值得推荐。

晚餐：杂豆米饭

原料：大米、绿豆、红豆（三者大致比例为4：1：1）各适量。

做法：绿豆、红豆提前浸泡6～8小时，与大米一起放入电饭煲，过程与做普通米饭相同。如果来不及浸泡绿豆，则先把绿豆放入电饭煲中煮开15分钟，再加入大米一起焖制即可。

特色点评：绿豆粥是十分流行的吃法，绿豆米饭亦可一试。有些家庭在夏天喜欢用绿豆煮水喝，解暑降温。煮完水的绿豆也可以用来做米饭，以增加膳食纤维。

营养驿站：绿豆被中国人视为传统的夏季保健食品，清热解毒、防暑降温。其实，绿豆还可算作一种非常好的粗粮，好处就在它的皮里。绿豆皮不但含有较多膳食纤维、维生素和矿物质，还含有类黄酮、单宁、皂甙、豆固醇等。而两瓣子叶当中的主要成分是蛋白质和淀粉。

绿豆蛋白质含量为21.6%，远远超过大米（8%左右），且营养价值评分较高。绿豆糖类含量为62%，直链淀粉含量较高，消化较慢，升血糖作用较弱，有助于防治妊娠期高血糖。绿豆主要营养素含量见本书附表1。

晚餐：姜葱炒梭子蟹

原料：梭子蟹2只，葱、姜、蒜、生抽、玉米油各适量。

做法：螃蟹壳取下，剩余部分整理干净，从中间一分为二。热锅下油，用葱丝、姜丝、蒜蓉爆香，放入梭子蟹（蟹壳也放入）及生抽，大火快炒至熟。

特色点评：吃螃蟹最简单的方法是白水煮或蒸，以鲜味取胜。这里介绍的方法是炒，增加香味。更为复杂的做法是用鸭蛋黄“焗”，需要过油炸，在这里不作推荐。

营养驿站：螃蟹是海鲜中的代表食材。海鲜一般与鱼类相提并论，其营养有过之而无不及。梭子蟹，因头胸甲呈梭子形而得名，有些地方又称为花蟹、花盖蟹，估计是得名于蟹壳上的斑点。梭子蟹生长迅速，脂膏肥满，味道个性鲜明，是我国沿海地区重要养殖品种。它含蛋白质较多，为15.9%，而脂肪较少，仅为3.1%，是典型的高蛋白低脂肪食物。梭子蟹的钙、钾、铁、锌、硒等矿物质含量十分丰富，详见本书附表4。

关于螃蟹的传言甚多，其中流传很广的是孕妇不能吃螃蟹，理由各种各样，最古老的解释是孕妇吃螃蟹孩子会横着出生（以形补形），新近的解释是螃蟹大寒易致流产。这些理由都是站不住脚的，孩子难产、流产与食物毫无关系，除非螃蟹或其他食物不新鲜发生食物中毒。孕妇吃新鲜螃蟹是没有问题的，但个别对虾蟹类过敏的孕妇不要吃。

流传更广的另一个说法是螃蟹和其他食物相克，比如西红柿、红薯、蜂蜜、橙子、梨、石榴、香瓜、花生、蜗牛、芹菜、柿子、兔肉等。这些所谓的相克组合，包括最“经典”的螃蟹和柿子，以及最新传的螃蟹和西红柿，不但理论上都不成立，而且大多已经被人体试食实验否定。新鲜螃蟹与其他日常食物搭配是没有问题的，除非你本身对虾蟹类中的某些特异蛋白过敏。

晚餐：洋葱胡椒牛仔骨

原料：牛仔骨（牛小排）、洋葱、橄榄油、红酒、嫩肉粉、胡椒、盐各适量。

做法：牛仔骨用嫩肉粉（先溶于清水）浸泡腌渍半小时。热锅下橄榄油，煸香洋葱丝之后倒入腌好的牛仔骨，再加入少量红酒、胡椒和盐，加水焖煮15分钟即可。

特色点评：这道菜属于西式料理。加入少量的红酒，在焖煮的过程中酒精得以挥发，因此不必担心对胎儿有不良影响。牛肉比猪肉口感硬，需要先用嫩肉粉腌渍，这样菜肴才能肉质嫩滑，味道丰富。

营养驿站：牛仔骨又称牛小排，是牛排的瘦肉部分，营养价值很高。在烹制牛肉时，加入嫩肉粉腌渍，让牛肉的蛋白质结构发生变化，使牛肉比较容易煮烂。

嫩肉粉又称松肉粉，是一种能使肉类软嫩滑润的佐料，在餐饮业中应用广泛。它的主要成分是蛋白酶，大多是从番木瓜中提取的木瓜蛋白酶，能使肉类的某些蛋白质分解，分子结构被破坏，从而提高肉的嫩度，并改善其风味。除蛋白酶外，嫩肉粉还含有少量碱、盐、亚硝酸盐等，一般起辅助作用，并使肉的颜色更鲜艳。一些劣质的嫩肉粉产品可能会有亚硝酸盐超标的问题，值得注意。

晚餐：蚝油菜心

原料：菜心、蚝油各适量。

做法：菜心清洗干净，切成2段。把菜心放入开水中，煮熟，捞出沥干水分，拌入适量蚝油即可。

特色点评：清淡是蚝油菜心的最大特点，刚好与洋葱胡椒牛仔骨搭配食用。无须更多调料，用生抽或其他酱汁代替蚝油亦可。

营养驿站：菜心又名菜薹，是十字花科的绿叶蔬菜之一，营养价值较高，β-胡萝卜素含量为960微克/100克，维生素C44毫克/100克，钾236毫克/100克，其他主要营养素含量见本书附表2。菜心在广东、广西等地普遍食用，可用来炒、水煮、煲汤、做粥等。

加餐：豆浆

豆浆作为加餐也是非常值得推荐的。不论是家庭自制的豆浆，还是外购的豆浆，加热后就是一杯很好的饮品。只要自己喜欢，还可以调入脱脂奶粉、椰子粉、蜂蜜、燕麦片、蔬菜粉等，营养更为全面。

加餐：西瓜子

一般来说，西瓜子并不是我们平常吃的西瓜里的子（太小），而是来自特殊的西瓜品种，比如兰州的打瓜（籽瓜）。西瓜子含有丰富的蛋白质、脂肪、维生素和微量元素，多作日常食用，是人们普遍喜爱的休闲零食。西瓜子主要营养素含量见本书附表7。

我们建议孕妇选用普通的西瓜子，而不选添加盐和其他调味料的，以减少钠的摄入。西瓜子壳较硬，嗑得太多对牙齿不利。

孕早期一日营养餐单7		
餐次	餐单	备注
早餐	鲜肉馄饨（1碗） 煮鸡蛋（1个）	叶酸1片
加餐	西瓜（1大片）	其他水果亦可
午餐	玉米面饼（1个） 西红柿炒牛肉（1小盘） 素菜蛤蜊汤（1碗）	
晚餐	米饭（1小碗） 西式拌黄瓜（1盘） 五彩炒肝（1小盘）	
加餐	鲜牛奶1包（250克）	

营养标签

清淡但营养齐全就是本餐单的主旋律，少油、少盐，且食物多样。

专家解读

主食有粗有细。奶类（鲜牛奶）、蛋类（鸡蛋）、鱼虾（蛤蜊）、肉类（猪肉、牛肉、猪肝）、大豆类（豆面饼子）、蔬菜（甜椒、西红柿、黄瓜等）和水果（西瓜）基本齐备，清淡烹调。这些食物有针对性地提供了孕早期所需的重要营养素。其中，鲜牛奶、鸡蛋、猪肉、牛肉、豆面等提供蛋白质、维生素A、B族维生素等；鲜牛奶和豆面还提供较多钙；猪肉、牛肉、猪肝、蛤蜊还提供较多铁、锌等；甜椒、西红柿、黄瓜等蔬菜和西瓜可提供叶酸、维生素C、β－胡萝卜素以及钙、钾等。

所有菜肴均清淡烹调，但又不失特色，如西红柿炒牛肉、素菜蛤蜊汤、五彩炒肝、西式拌黄瓜等，清淡有味才是菜肴上品。

优孕之选

早餐：鲜肉馄饨

原料：馄饨皮（购买）、瘦肉、甜椒、葱、姜、生抽、盐、橄榄油（或花生油）各适量。

做法：瘦肉剁成肉馅，加入水、葱末、姜末、生抽、橄榄油搅拌腌渍10～20分钟。放入剁碎的甜椒和盐，混合成馅。用馄饨皮包好，下锅煮熟。还可以与面条一同煮熟，或在汤汁中加入葱花、绿菜叶、香菜等自己喜欢的蔬菜同煮，好吃的馄饨即成。

特色点评：馅料清香，汤汁清淡，好吃不腻。连汤带水，算是半流质食物的经典，特别适合早餐食用。

馄饨的粤语发音是“云吞”，四川人则称之为“抄手”。馄饨制作简单容易上手，又可以做出各种风味，比如四川的龙抄手，由于麻辣的渗入可算作最为独特的馄饨了。

营养驿站：像包子一样，馄饨也是实现营养搭配的捷径之一。只此一碗，有面、有肉、有蔬菜，营养搭配均衡，且容易消化吸收，口味也能富于变化。

馄饨的馅料既不要全是肉类，也不要全是素菜，肉菜搭配，肉少菜多，更为健康。馄饨水煮，加热温度不高（100℃左右，低于其他烹调方法），可以选用一些高品质的食用油，如初榨橄榄油、亚麻籽油等。

早餐：煮鸡蛋

营养分析详见第48页。

要把鸡蛋煮到恰到好处的程度，使用专门的煮蛋器可以帮忙做到。煮蛋器是一个很小巧的电器，只需按照说明书简单操作，就可以控制煮蛋的老嫩程度，可按口味任意选择。

加餐：西瓜

西瓜也特别适合为孕早期孕妇快速提供糖类。西瓜含糖量大多在7%左右，在水果中并不是最高的，但西瓜的特点是食用量偏大，500克（1斤）西瓜很容易吃下去。西瓜含较大比例的果糖，口感甜而不腻，清凉爽口。如果吃2斤西瓜，其糖类含量差不多相当于吃一碗米饭了。西瓜主要营养素含量见本书附表3。

西瓜的另一个特点是升血糖比较快。西瓜的血糖生成指数（GI）是72，几乎是常见水果中最高的，远超过苹果（36）、梨（36）、桃（28）、柑（43）等。所以，孕中期或孕晚期西瓜不宜多吃，尤其是血糖异常升高的孕妇。

午餐：玉米面饼

外出购买即可。有些除玉米面外，还混有部分黄豆粉，营养价值更高。这是因为玉米蛋白质和黄豆蛋白质互相补充，其所含氨基酸取长补短，更符合人体需要。

午餐：西红柿炒牛肉

原料：牛肉、大豆油、西红柿、花椒、葱、姜、八角、桂皮、香叶、糖、老抽、生抽、酒各适量。

做法：先把牛肉切成小块，用清水加花椒粒把牛肉块浸泡2小时，捞出沥干备用。热锅下油，煸香葱、姜后放入牛肉块、八角、桂皮、香叶、糖、老抽、生抽、酒及适量水，炖25分钟左右收干水分。再放入切好的西红柿，翻炒5分钟即可出锅。

特色点评：名为炒牛肉，其实是先炖后炒。牛肉要提前经过充分浸泡，去掉血污，吸足水分。若嫌牛肉老硬，浸泡时可加入嫩肉粉，但浸泡时间要缩短为15～20分钟。在炖的过程中，用以调味的配料要多，使牛肉充分吸味。最后放入西红柿，味道和营养都很搭配。

营养驿站：同等肥瘦程度时，牛肉的脂肪含量比猪肉少，蛋白质比猪肉高，维生素和微量元素不相上下，所以本书餐单会经常利用牛肉制作菜品。前面已经介绍了好几道牛肉炒菜。

午餐：素菜蛤蜊汤

原料：新鲜蛤蜊（超市有真空包装的也行）、莴笋、豌豆尖、盐各适量。

做法：莴笋切丝，与豌豆尖、蛤蜊一起下锅煮开，加盐略煮，出锅即成。

特色点评：此汤制作非常简便，好比例汤。另外，原料不必限于莴笋和豌豆尖，其他青菜亦可尝试，香菇、木耳也可投入其中。

营养驿站：莴笋的主要营养成分含量见本书附表2。蛤蜊已经在前面介绍过，主要营养素含量见本书附表4。豌豆尖我们将在孕中期营养餐单中介绍。

晚餐：米饭

略。

晚餐：西式拌黄瓜

原料：黄瓜2根，橄榄油、法国葡萄醋、盐、糖、胡椒粉各适量。

做法：黄瓜切条，加入橄榄油、法国葡萄醋、盐、糖、胡椒粉，拌匀后放冰箱中腌渍1小时即可食用。

特色点评：此菜酸脆爽口、开胃提神，其中法国葡萄醋非常关键。欧洲的葡萄醋是以葡萄酒为原料酿造的食醋，酸度很高（大于6%），但很爽口。这种葡萄醋的酒精含量很低（低于1%），对孕妇也是安全的。

营养驿站：橄榄油是从油橄榄的果实——“齐墩果”的果肉中榨取的，因为富含（70%左右）单不饱和脂肪酸（主要是油酸）而备受关注，而且经冷榨（无须加热，温度≤25℃）即可食用。这与普通植物油如大豆油、花生油、玉米油等有极大不同，它们油酸含量均较低（多小于30%），且需高温加热精炼。

单不饱和脂肪酸（油酸）不仅是我们日常饮食中最容易缺乏的脂肪酸，而且已经被证实对防治心脑血管疾病有益。低温冷榨则使橄榄果肉中的营养物质免于破坏而保留在油中。因此，橄榄油是一种营养价值很高的植物油。

初榨橄榄油最适合中餐的凉拌类菜肴和低温烹调（包括蒸、煮、炖等），如果用于高温炒菜，则初榨橄榄油中丰富的营养物质会被破坏，而且因其纯度不够，反而容易冒烟，有点得不偿失。炒菜（高温加热）时最宜选用精炼橄榄油，在精炼过程中，那些怕加热的营养物质已经所剩不多，而且纯度高，不易冒烟。

晚餐：五彩炒肝

原料：红椒、黄椒、青椒、洋葱各1/4个，干辣椒、大蒜、姜片、酱油、淀粉、料酒、玉米油、盐各适量。

做法：青椒、红椒、黄椒、洋葱切成1.5厘米的小方丁；猪肝洗净去除白筋切成薄片，加入料酒、淀粉、盐和姜片腌渍15分钟；猪肝下沸水锅焯水去除血沫，注意时间不要太长，猪肝变粉即可捞出。热锅凉油大蒜爆

锅，加入洋葱、干辣椒、青椒、红椒、黄椒，煸炒变色加入猪肝，加入适量酱油、盐调味，淋入少许水淀粉勾芡即可。

特色点评：此菜关键是猪肝的预处理，切片要薄，提前腌渍，焯水不要过火。配菜可以替换为其他易熟的蔬菜，如胡萝卜、芹菜茎、水萝卜、豆芽等，不一而足。

营养驿站：肝脏是动物代谢和储存营养物质的主要器官，所以猪肝（以及其他动物肝脏）堪称“营养源”，富含蛋白质（与瘦肉相当）、维生素A（是瘦肉的113倍）、维生素B_1、维生素B_2、维生素B_6、叶酸、铁等，甚至还含维生素C，其含量高于苹果等常见水果。所以膳食指南推荐孕妇食谱应包括猪肝。猪肝主要营养素含量见本书附表4。

不过，猪肝亦含有较多胆固醇（288毫克/100克）、代谢废物、饲料污染物、非法添加物、药物等，因此不宜多吃，建议每周吃1次且不超过100克。当然，患有妊娠期贫血的孕妇另当别论，可以多吃一些（加倍或更多），毕竟猪肝以及其他动物肝脏是铁的良好来源，铁含量高（22.6毫克/100克，是瘦肉的7.5倍）、吸收好（吸收率22%，与瘦肉相当）。

就补铁而言，吃新鲜猪肝（炒或做汤）要好于煮猪肝和卤猪肝，因为猪肝在煮、卤过程中铁流失了90%，100克卤猪肝含铁只有2毫克。所以，到市场上去买卤好的猪肝，回家切片食用虽然简单方便，但对补铁而言却不是最佳做法。煮卤猪肝主要营养素含量见本书附表4。

为避免猪肝的安全隐患，首先，要选择有信誉的大企业生产的猪肝产品，不要购买来源不明或不可靠的猪肝产品；其次，选购猪肝时，不要选择过于饱满、肥嫩的猪肝（有可能是脂肪肝），当然也不要选质地较硬、血色不足的猪肝（有可能是肝纤维化）。

加餐：鲜牛奶

鲜牛奶也称为“巴氏牛奶”或“巴氏杀菌乳”，是以生牛奶为原料（不添加奶粉），经巴氏杀菌（温度大多不超过100℃）制得的液体产品。按照此类产品国家标准（GB 19645—2010）的要求，其蛋白质≥2.9%（羊奶≥2.8%）。虽然蛋白质等主要营养素与超高温灭菌乳相仿，但因为消毒温度较低，维生素破坏较少，营养保留更多。

小贴士

如何选购橄榄油

市面上橄榄油产品种类很多，产品质量参差不齐。根据我国橄榄油国家标准（GB 23347—2009），橄榄油分为初榨橄榄油、精炼橄榄油和混合橄榄油三大类。可食用的初榨橄榄油又依据其品质分为特级初榨和中级初榨两种。

初榨橄榄油是采用机械物理方法（包括清洗、倾析、离心或过滤，但不包括高温加热和用有机溶剂浸出）直接从油橄榄果实中制取的油品。初榨橄榄油不需精炼，富含橄榄果原有的各种营养物质，营养品质很高，其中特级初榨橄榄油可以说是橄榄果第一次压榨出来的“头道油”，营养品质最高。初榨橄榄油一般不适合煎、炸、爆炒、烤等高温烹调方式，只适合煮汤、做馅、蒸煮、低温炒等低温烹调方式，凉拌最佳。

精炼橄榄油是用经初次压榨之后的果渣，再经过几次压榨所制得的油脂，需要精炼以后方可食用。精炼橄榄油的加工工艺包括有机溶剂浸出及高温加热等过程，破坏或去除了橄榄果原生的营养物质，如维生素、角鲨烯、绿原酸等，纯度增加，营养品质有所下降。其优势是适用于煎炒烹炸等各种烹调方式。

混合橄榄油则是初榨橄榄油与精炼橄榄油的混合，其营养品质也介于两者之间。市面上直接以“精炼橄榄油”名义售卖的产品不多，精炼橄榄油多用来生产混合橄榄油或橄榄调和油。

“油橄榄果渣油”是从压榨之后的果渣中用有机溶剂提取的，其品质明显低于真正的橄榄油，但精炼后仍可食用，通常价格要便宜得多。按GB 23347—2009要求，这种油橄榄果渣油不得以“橄榄油”的名义售卖。

“橄榄调和油”多是橄榄果渣油与其他植物油，如菜籽油、棕榈油等调配而成的，其营养品质与橄榄油相差甚远，价格也低得多。

在市场上选购橄榄油时，应抓住以下几个要点：

1.看等级，认准“特级初榨橄榄油”字样。

2.看“酸值”，选酸值较低的初榨橄榄油。

3.看反式脂肪酸含量，鉴别精炼橄榄油。

4.看工艺，认准冷榨字样。

5.看品牌，重视商家信誉。

6.注意橄榄调和油与油橄榄果渣油滥竽充数。

第三章 孕中期每日营养配餐

孕中期胎儿生长速度明显加快，全面而均衡的营养对胎儿发育至关重要，尤其是蛋白质、DHA、钙、铁、维生素C等营养素的需要量大增。在此期间，胎儿各器官系统基本发育完成，功能逐渐成熟完善，需要更多的营养物质才能保障其正常生长。因此孕妇必须加强饮食营养摄入，使体重有所增长。

孕中期营养需求及饮食原则

① 孕中期营养需求特点

孕中期（13～27周）胎儿生长速度明显加快，在此期间胎儿各器官系统基本发育完成，功能逐渐成熟完善，需要更多的营养物质才能保证其正常生长。与此同时，母体子宫、胎盘、乳房等也逐渐增大，所以孕妇必须加强饮食营养摄入，使体重有所增长。

在孕中期，全面而均衡的营养对胎儿发育至关重要，尤其是蛋白质、DHA、钙、铁、维生素C等营养素的需要量大增。与未怀孕时相比，孕中期每天蛋白质应增加15克，钙增加200毫克，铁增加4毫克，维生素C增加15毫克。这几种营养素不但重要，而且容易缺乏，因此是孕中期食谱关注的重点。

蛋白质主要由鱼、肉、蛋、奶、大豆制品和坚果提供；DHA主要由鱼虾、蛋黄和亚麻籽油提供；钙主要由奶类、大豆和绿叶蔬菜提供；铁主要由肉类（包括内脏）提供；维生素C主要由新鲜蔬菜、水果提供。这些食物因而成为孕中期食谱的主力。

孕中期能量需要明显增加，体重增长加快，进食量也应该明显增加。为此，餐单要按一日五餐设计，包括三次正餐两次加餐。不论正餐还是加餐，进食量均比孕早期要多一些。

② 孕中期每日饮食安排

孕中期每天大致进食量如下：谷类、薯类及杂豆类275克～325克（干重，其中粗粮75克～100克，薯类75克～100克）；蔬菜300克～500克；水果200克～400克；鱼、禽、蛋、肉合计150克～200克（生重）；奶制品300克～500克；大豆及坚果30克；植物油25克～30克；盐6克。孕中期孕妇要根据自己的体力活动以及体重增长的情况，选择大致合理的摄取量。值得注意的是，体力活动较少、身材较矮的孕妇，主食（谷类、薯类及杂豆类）可以减少，但其他食物应尽量保证。

1.早餐

早餐可以简单一些，但一定要保证至少有两大类食物，一类是主食类，如面条、面包、饼干、米粥、薯类等；另一类是高蛋白的食物，如鸡蛋、火腿、牛奶等。如果再搭配一些新鲜蔬菜，就更加合理了。

2.午餐

不论在外就餐还是在家进餐，孕妇的午餐不能过于简单，除主食外，应该有高蛋白的食物1～2种，蔬菜1～2种，且必须是新鲜的。菜谱至少是一荤一素，或者两个荤素搭配的菜肴。如果条件允许，菜肴可更丰盛一些，但烹调油和食盐一定要少，避免食用油炸、过油和过咸的食物。

3.晚餐

孕妇应尽量在家吃晚餐。安排晚餐食谱时，首先要回顾一下早餐和午餐都吃了哪些食物，还有哪些食物没有吃到，尤其是那些重点食物。晚餐应尽量丰盛一些，食物种类宜多不宜少。像午餐一样，至少是一荤一素，或者两个荤素搭配的菜肴。

4.加餐

加餐对孕中期和孕晚期增加营养摄入，实现饮食平衡具有重要意义。水果、奶类和坚果是加餐的主要食物，食用量比孕早期明显增加。水果每天要吃1～2次，每次100克～200克。奶类每日两次，一次酸奶或低脂牛奶，另一次我们推荐选用孕妇奶粉，不但营养更多，而且饮用方便。坚果的数量也要有所增加。除这些食物外，加餐还可以选鸡蛋、豆浆、蔬菜、薯类等。

此外，根据中国卫生部2010年《儿童营养性疾病管理技术规范》，为预防婴儿营养性贫血，从妊娠第3个月开始，孕妇每日补铁60毫克，同时补充叶酸400微克及其他维生素和矿物质。

孕中期一日营养餐单1		
餐次	餐单	备注
早餐	咸蛋生菜粥（1大碗） 巴旦木（10颗）	复合维生素1粒
加餐	酸奶（1杯） 桃（1个）	其他水果亦可
午餐	烙饼（1个） 煎豆腐（1小盘） 辣炒蛤蜊（1盘） 西红柿炒菜花（1盘）	
晚餐	粗粮汇（1盘） 猪肝炒柿子椒（1碟） 凉拌鱼腥草（1碟） 豌豆尖汤（1碗）	
加餐	孕妇奶粉1杯（40克奶粉）	其他奶类亦可

营养标签

食物种类齐全，营养全面、丰富，增加蛋白质、DHA、钙、铁等孕中期重点营养素的供应。

专家解读

餐单主食是米粥、烙饼、玉米、山药、土豆等，粗细搭配。海鲜（蛤蜊）、蛋类（咸鸭蛋）、肉类（猪肝、火腿）、奶类（酸奶、孕妇奶粉）、大豆类（豆腐）、坚果（花生）、蔬菜（生菜、西红柿、菜花、鱼腥草、豌豆尖）和水果（桃）等一应俱全，烹调方法简单，而且少油少盐，很清淡。

奶类每天两次，摄入量比孕早期有明显增加，以增加钙的摄入。其中一次为孕妇专用奶粉，能提供更多的DHA、铁、维生素D、叶酸等。奶类及鸭蛋、蛤蜊、猪肝、豆腐、花生提供更多蛋白质、维生素A、B族维生素等。生菜、菜心、青椒、鱼腥草、豌豆尖和桃提供维生素C、胡萝卜素、钾、钙、膳食纤维等。

咸蛋生菜粥、烙饼、粗粮汇、煎豆腐、西红柿炒菜花都是最为普通的吃法，辣炒蛤蜊、炒猪肝、凉拌鱼腥草、豌豆尖汤则增加了菜肴的风味特色。营养与美味兼顾，普通与特色兼有。

优孕之选

早餐：咸蛋生菜粥

原料：大米、咸鸭蛋（熟的）、生菜各适量。

做法：大米煮粥，出锅前把咸鸭蛋（切成细粒）和生菜（切细丝）加入其中，不要放油和盐。

特色点评：白米粥与蔬菜、蛋类、肉类同煮，是南方各地的特色吃法。北方人更习惯白米粥就咸菜，营养相差甚多。咸蛋生菜粥中的蔬菜不局限于生菜，可以换成菠菜、芥菜、菜心，甚至冬瓜片。

营养驿站：鸭蛋有腥味，比较适合腌制后直接食用或者作为食材原料。鸭蛋蛋白质、脂肪、胆固醇、维生素和矿物质的含量与鸡蛋十分接近，见本书附表4。

早餐：面包

营养分析详见第46页。

加餐：酸奶

营养分析详见第45页。

加餐：桃

桃的品种很多，常见的有水蜜桃、久保桃、黄桃等。桃一般果皮有毛，但“油桃”的果皮光滑；桃一般呈球形，但“蟠桃”果实是扁平状。桃味道平淡，含有多种维生素、果酸以及钙、磷、铁等矿物质，主要营养素含量见本书附表3。食用前桃毛要清洗干净，有部分人对桃毛很敏感，会引起过敏。

桃原产于中国，已有4000多年的栽培历史，在中国文化中占有很高的地位。古代传说经常提到桃是一种可以延年益寿的水果，神仙多食用桃，寿桃用于祝寿，桃木可避邪镇妖，桃花则意喻爱情。

午餐：烙饼

具体做法见第82页。

午餐：煎豆腐

原料：豆腐1块，玉米油、鱼露（或蚝油）、葱末各适量。

做法：豆腐切块。热锅下油，油温无须太高，放入豆腐块小火慢慢煎至金黄色。加入鱼露或蚝油（鲍鱼汁亦可）翻炒均匀即可出锅，出锅前撒上葱末。

特色点评：煎豆腐虽然操作简单，但外表焦黄，里面白嫩，清香可口，是孕期增加大豆制品摄入的最佳途径之一。

营养驿站：豆腐的营养价值不但取决于原料黄豆，还与使用的凝固剂有关。石膏（硫酸钙）点的豆腐或卤水（含氯化钙）点的豆腐含有更多的钙、镁等营养素，口感也较硬。内酯豆腐（凝固剂是葡萄糖酸内酯）中钙含量则较低。具体分析请见孕早期营养餐单4。现在，超市里很多豆腐混合使用多种凝固剂，以制作出口感适中的豆腐。

午餐：辣炒蛤蜊

原料：蛤蜊、尖椒、玉米油各适量。

做法：蛤蜊吐沙洗干净，沥干水分待用。热锅下油，把尖椒丝投入其中略炒，然后放入蛤蜊翻炒几下加盖受热，贝壳完全开口煮熟即可，无须其他调料（包括盐）。

特色点评：鲜美、无沙子就是这道菜的最高境界。

营养驿站：蛤蜊是很常见的贝类海鲜，包括花蛤、文蛤、西施舌等诸多品种。蛤蜊的营养特点是高蛋白、低脂肪、富含矿物质，主要营养素含量见本书附表4。

午餐：西红柿炒菜花

原料：西红柿1个，菜花、花生油、白糖、盐、味精各适量。

做法：菜花择成小朵备用。西红柿清洗干净后放入热水碗中烫一下，待表皮皱起后去皮、切块。热锅下油，放入西红柿及白糖翻炒成西红柿酱，再加入择好的菜花，翻炒拌匀后加入少量的水，加盖焖制5分钟左右，加入盐、味精调味后出锅即成。

特色点评：此菜酸甜可口，减少了食盐用量。西红柿需去皮煮碎从而兼具调味作用。西红柿去皮的窍门是用热水烫一会儿。为缩短焖煮时间，菜花可以提前焯水再用。

营养驿站：菜花和西红柿虽然不是绿叶蔬菜，但其营养价值不输于绿叶蔬菜，主要营养成分含量见本书附表2。人们通常认为颜色越深的果蔬营养价值越高，但菜花（也叫花菜）却是一个不折不扣的例外，尽管颜色苍白，但营养价值很高，富含维生素C、叶酸（它对孕妇非常重要）、维生素K和膳食纤维，其钾含量甚至超过明星蔬菜西蓝花。美国疾病预防控制中心（CDC）按照营养素密度（某种食物营养与热量的比值）把日常食物排名，菜花排在前30名。可以说，菜花毫不起眼，但营养价值牛气冲天。通常的吃法是炒菜花、蒸菜花、烤菜花、水煮后拌沙拉等。

近年特别流行的“有机菜花”，其实是对“松花菜”（长得比普通菜花蓬松，与之相比，普通菜花可以称之为“紧花菜”）的错误称谓，与真正的“有机食品”或“有机蔬菜”毫不相干。有机蔬菜是指种植环境和条件达到有机标准（有详尽的国家标准和认证制度）的蔬菜。这种“有机菜花”营养价值与普通菜花相仿或略高。

晚餐：粗粮汇

原料：玉米、红薯（或紫薯）、马铃薯（土豆）、山药、花生各适量。

做法：玉米、花生、山药用水煮熟，红薯（或紫薯）和马铃薯（土豆）上屉蒸熟。切块、拼盘，喜欢辣味者可用辣酱蘸食。

特色点评：这种什锦粗粮蘸辣椒的吃法在西南地区比较流行，其内容可不拘一格，红薯（地瓜）、紫薯、土豆、山药、芋头、鲜玉米、玉米饼、花生、毛豆、芡实等均可用来拼盘，这是实现主食多样化并粗细搭配的绝佳方法。

营养驿站：薯芋类是一类非常独特而重要的食物，主要包括马铃薯（土豆、洋芋）、红薯（甘薯、地瓜）、芋头、山药、莲藕、荸荠等。它们兼具蔬菜类和粮食类食物的特点，既是粮食，又是蔬菜。维生素C、β－胡萝卜素、钾、膳食纤维的含量都比较丰富，同时含有较多淀粉，其含量在10%～25%。对于面临体重增长过快压力的孕妇而言，薯芋类应该作为主食，代替谷类来食用。当然，对于体重增长正常的孕妇，薯芋类完全可以作为蔬菜食用。

薯芋类最好采用蒸、煮、烤的方式，尽量少用油炸的方式。一般来说，马铃薯最宜蒸、烤或煮后作为主食，也可以改刀后炒、炖，还可以做成土豆泥；红薯最宜整个蒸食、烤食或切碎煮粥。

晚餐：猪肝炒柿子椒

原料：猪肝100克，柿子椒100克，蛋清一个，葱花、蒜蓉、糖、盐、白醋、鸡精、酱油、花生油、淀粉各适量。

做法：猪肝洗净切片，加蛋清、淀粉上浆，柿子椒洗净切三角块。热锅下油，油温四成热时放入猪肝，打散滑炒至熟，倒出控油。葱花、蒜蓉爆锅，下入柿子椒翻炒至熟，再放入滑炒好的猪肝。加盐、鸡精、酱油、白醋、糖，大火翻炒均匀即可。

特色点评：很多人不喜欢吃猪肝，是觉得猪肝有一种“怪”味。除去“怪味”，烹调上的对策就是利用调味品除味，葱、姜、蒜、糖、白醋、酱油、鸡精等有去腥、去膻、增鲜的作用。猪肝用油预熟时，加入蛋清会让猪肝更滑嫩，同时油温不能太高（不超过120℃），否则口感发硬。

营养分析详见第109页。

晚餐：凉拌鱼腥草

原料：鱼腥草（折耳根）、莴笋、糖、味精、酱油、醋、辣椒油、花椒油各适量。

做法：鱼腥草洗净，用冷水浸泡30分钟，以减轻异味；莴笋切细丝；将鱼腥草、莴笋丝中加入糖、味精、酱油、醋、辣椒油、花椒油，搅拌均匀后腌渍片刻即成。

特色点评：鱼腥草俗称折耳根，有些人吃不惯它的味道，但贵州人几乎餐餐离不开。用于凉拌最好是叶子连嫩根一起食用，和莴笋丝一起，加糖、味精、酱油、醋、辣椒油、花椒油，能接受的人总是很怀念这个味道。

营养驿站：鱼腥草是药食兼用的一种植物，因叶子带有腥气而得名，产于我国长江流域以南各省。鱼腥草富含胡萝卜素，含量高达3450微克/100克。维生素含量也很高，为70毫克/100克。钾和铁的含量也堪称丰富，分别为718毫克/100克和9.8毫克/100克。鱼腥草主要营养成分含量见本书附表2。

晚餐：豌豆尖汤

原料：豌豆尖、平菇、火腿、食盐、味精各适量。

做法：平菇和火腿均切片。锅内加水烧开，放入平菇片和火腿片煮3~5分钟，然后放入豌豆尖，略煮后加入食盐和味精调味即成。

特色点评：豌豆尖是豌豆叶子的最上端，味道很特别，煮汤或者下面条有了它就活色生香了。该菜肴无须加油，利用火腿煮出的脂肪即可。

营养驿站：豌豆尖即豌豆枝蔓的尖端，是有土栽培，是既可采摘豆尖也可收获豆荚的植物。一般播种30天后可采摘豆尖。在我国四川、云南、湖北、广东、上海等地栽培最多。豌豆尖茎叶柔嫩，味美可口，是一种质优、营养丰富、食用安全、速生无污染的高档绿色蔬菜，深受消费者和宾馆酒家的青睐。

豌豆尖既可与肉类炒食、蒸食、涮锅，又可凉拌，还可作为快餐蔬菜，更可用于调味、配色。但最好还是用大火快炒，并放点儿醋，以保持脆嫩，同时还可以减少维生素C的损失。

加餐：孕妇奶粉

孕妇奶粉是指添加了数种孕妇需要的特殊营养素（如叶酸、铁、DHA、低聚糖等）的奶粉，其营养价值更胜一筹。在本书设计的孕中期和孕晚期的营养餐单中会经常作为加餐食用。

孕妇奶粉其实是一种调制乳粉（国家标准GB 19644-2010）。让我们看一款孕妇奶粉的配料表：鲜牛奶、脱脂乳粉、脱盐乳清粉、浓缩乳清蛋白粉、乳糖、白砂糖、麦芽糊精、水溶性膳食纤维（菊粉，添加量1.5%）、单细胞海藻二十二碳六烯酸（DHA）、胆碱、硫酸镁、焦磷酸铁、硫酸锌、L-抗坏血酸钠、维生素A、维生素D_3、维生素E、维生素K_1、盐酸硫胺素、核黄素、盐酸吡哆醇、维生素B_{12}、烟酸胺、泛酸钙、叶酸、β-胡萝卜素、食品添加剂磷脂。

由配料表可知，除鲜牛奶外，该孕妇奶粉加入了蛋白质（脱脂乳粉、脱盐乳清粉、浓缩乳清蛋白粉）、糖类（乳糖、白砂糖、麦芽糊精以及来自菊粉的水溶性膳食纤维）、DHA、三种矿物质（镁、铁、锌）以及多种维生素。它已经不再是普通的奶粉，而是一种强化奶粉，其营养成分比普通奶粉或牛奶更丰富，如该孕妇奶粉的叶酸、铁、DHA、膳食纤维的含量远超普通奶粉，而其他营养成分，如蛋白质、钙等也没有减少。

孕中期一日营养餐单2		
餐次	餐单	备注
早餐	西红柿疙瘩汤（1碗）	复合维生素1粒
加餐	香瓜（1个） 低脂牛奶（1杯）	其他水果亦可
午餐	二米饭（1碗） 蒜香排骨（3~4块） 鲍汁三色（1盘）	
晚餐	全麦馒头（1个） 芹菜炒香干（1盘） 鲜鲍鱼（2~3个）	
加餐	孕妇奶粉1杯（40克奶粉） 核桃（3个）	其他奶类或坚果亦可

营养标签

食物种类齐全，营养全面、丰富，增加蛋白质、DHA、钙、铁等孕中期重点营养素的供应。

专家解读

餐单主食是疙瘩汤、二米饭、全麦馒头，粗细搭配。鱼虾类（鲍鱼）、蛋类（鸡蛋）、肉类（排骨）、奶类（低脂牛奶、孕妇奶粉）、大豆类（香干）、坚果类（核桃）、蔬菜类（西红柿、韭菜薹、胡萝卜、韭黄、芹菜）和水果类（香瓜）等一应俱全，烹调方法简捷，而且少油少盐。

奶类每天两次，摄入量比孕早期有明显增加，达到500克，以增加钙的摄入，为了避免摄入过多脂肪，上午加餐选用低脂牛奶，另一次加餐还是选用孕妇奶粉，能提供更多DHA、铁、维生素D、叶酸等。奶类、鲍鱼、鸡蛋、排骨、香干、核桃提供更多蛋白质、维生素A、B族维生素等。西红柿、韭菜薹、胡萝卜、韭黄、芹菜、香瓜提供维生素C、胡萝卜素、钾、钙、膳食纤维等。

与孕中期营养餐单1相比，本餐单菜肴个数减少，食谱有所简化，但食物种类仍然齐全，保证了基本的营养搭配。

优孕之选

早餐：西红柿疙瘩汤

原料：面粉、西红柿、虾仁、鸡蛋、盐各适量。

做法：先做面疙瘩：面粉放于小盆中，水要一点点地倒入盆内，边倒水边不停地搅拌，而且一定要用凉水，这样面疙瘩才会做得又小又细，入锅即熟。锅内加水、西红柿、虾仁煮沸，放入做好的面疙瘩再次煮沸，放盐调味，打入蛋花，出锅即可。

特色点评：疙瘩汤是典型的北方吃法。除面粉外，其他配料富于变化，西红柿可换为菠菜、大白菜、黄瓜片等，虾仁可以换成肉末、鱼丸等，还可加入薯类、豆腐干、木耳等。

营养驿站：对于年龄较长者，说疙瘩汤是忆苦思甜饭可能也不为过。

但现在疙瘩汤可以做得非常富于营养。汤可以是清水或排骨汤、鱼汤等；面可以是全麦粉；配料可以有鸡蛋、虾仁、干贝、鲜贝、香菇、鸡肉、猪肉、豆腐干、蔬菜等。既营养丰富，又易于消化。

加餐：香瓜

香瓜因清香袭人而得名，又因味甜而称为甜瓜或甘瓜。像西瓜一样，香瓜也是夏令消暑瓜果，其营养价值也与西瓜相仿。

加餐：低脂牛奶

低脂牛奶是指在加工过程中去除部分（大约50%）脂肪的牛奶。根据我国《预包装食品营养标签通则》（GB 28050—2011），低脂牛奶的脂肪含量应≤1.5%（普通牛奶脂肪含量为3%左右）。如果把奶中脂肪进一步去除，脂肪含量≤0.5%就是脱脂牛奶。如果做成奶粉，且脂肪含量≤1.5%则是脱脂奶粉。

低脂牛奶脂肪含量只有普通牛奶的1/2，但蛋白质、钙、乳糖等重要营养素并没有减少，仍是蛋白质和钙的良好来源。当孕妇每天饮奶量较多，达到500克时，为了避免摄入过多的脂肪，我们推荐选用部分低脂或脱脂牛奶。目前市面上有多个低脂牛奶或脱脂牛奶的品牌。低脂牛奶或脱脂牛奶因脂肪含量大减而使口感和香味变淡，喝起来有点儿像水，不够香浓。

午餐：二米饭

具体做法见第37页。

午餐：蒜香排骨

原料：排骨、糖、生抽、蒜蓉、胡椒粉、辣椒粉、料酒、大豆油各适量。

做法：排骨先用糖、生抽、蒜蓉、胡椒粉、辣椒粉、料酒腌渍1小

时。热锅下油，油至七成热时放入排骨，小火干煸至颜色金黄出锅。

特色点评：蒜香扑鼻，肉味充足，要想做出这样的效果，火候最为重要。油不要多，锅不要太热，火不要猛。小火干煸，缓慢至熟，让排骨中的脂肪渗出，香气四溢。

营养驿站：猪小排或猪肋排是典型的高蛋白、高脂肪食物，蛋白质含量为16.7%，脂肪含量为23.1%，其他主要营养素含量见本书附表4。猪小排脂肪含量高，口感香嫩，故价格较猪肉高。不过也正因为脂肪含量很高，烹调时要少放油，充分利用排骨固有的脂肪。另外，排骨要少吃，以避免摄入太多的脂肪。

午餐：鲍汁三色

原料：韭菜薹、胡萝卜、韭黄、橄榄油（或玉米油）、鲍鱼汁（超市购买）各适量。

做法：胡萝卜切细条，韭菜薹和韭黄切长段。热锅下油，油六成热后放入胡萝卜细条、韭菜薹和韭黄，炒熟后淋上鲍鱼汁即可。

特色点评：韭菜薹、胡萝卜细条、韭黄组成了绿、黄、白三色，搭配起来令人产生食欲。再利用韭菜薹和韭黄固有的芳香味道，无须更多调味料，仅用鲍鱼汁增鲜加香，即可烹制出色香味俱全的素菜。这里用的鲍鱼汁是从超市购买的瓶装产品，多和酱油、醋等调味品摆放在一起。

营养驿站：炒杂菜是非常值得推荐的菜式，特别有助于食物多样化。不同种类、不同颜色、不同味道的几种蔬菜，甚至包括金针菇、杏鲍菇、木耳等食用菌，切成外形大致相似的丝、条或块状，混在一起下锅炒。菜品里如果有难熟的蔬菜可以先炒一会儿（或者先焯水），再放入易熟的，

以便一起炒熟出锅。只需简单调味（因为各种蔬菜的混合味道已经够味了）就是一道既好吃又营养的菜肴。

晚餐：全麦馒头

具体做法详见第50页。

晚餐：芹菜炒香干

原料：香干（豆腐干）、木耳、芹菜、葱、姜粉、玉米油、食盐、味精各适量。

做法：木耳泡发，香干切片，芹菜去叶留茎，切段。热锅下油，油热后加葱花爆锅，先放入芹菜翻炒一阵，再放入木耳和香干，继续翻炒至芹菜彻底熟透，加姜粉、盐和味精调味出锅。

特色点评：芹菜、豆腐干和木耳混炒是很家常的菜肴，可依个人喜好烹调出由清淡到浓重的口味。喜清淡者只用盐调味即可，加入生抽、花椒粉和辣椒则变成重口味。

营养驿站：豆腐干是最常见的大豆制品之一，与豆腐的一清二白不同，豆腐干常被赋予各种味道和颜色，其中比较有名的是宁波人常吃的“香干”，早已脍炙人口。豆腐干富含蛋白质和钙，主要营养素含量见本书附表5，可制作多种菜肴，可凉拌，可热炒，可油炸，可烤制，吃法甚多。

晚餐：鲜鲍鱼

原料：鲜鲍鱼适量。

做法：鲍鱼清洗干净，上屉蒸熟即可。

特色点评：鲍鱼养殖面积扩大后，个头较小的鲜鲍鱼价格不贵，走上百姓餐桌并不奇怪。吃法简单，蒸熟即可，或者冬天涮火锅也不错。

营养驿站：鲍鱼是典型的高蛋白、低脂肪海鲜，其蛋白质含量13%左右，脂肪还不到1%，铁的含量高达22.6毫克/100克，钙和钾的含量也不低，其主要营养素含量见本书附表4，所以营养价值较高。不过，考虑到鲍鱼的价格通常较贵，其性价比可能并不高。

除鲍鱼外，海参、鱼翅、燕窝等所谓“山珍海味”也经常被孕妇追捧，但其实它们的营养价值与普通的鱼虾、肉类、蛋类相比，并无特殊之处，特别是鱼翅、海参和燕窝，主要成分是胶原蛋白，营养价值甚至还不及普通的肉类、蛋类、奶类。有些孕妇天天吃燕窝、鱼翅或海参，以为是大补，其实没有任何证据表明这些东西对孕妇有特别的益处。物以稀为贵，但贵不代表好，更不代表营养价值高。

加餐：孕妇奶粉

营养分析详见第128页。

加餐：核桃

营养分析详见第57页。

孕中期一日营养餐单3		
餐次	餐单	备注
早餐	干蒸烧卖（4~5个） 低脂牛奶1包（250克）	复合维生素1粒
加餐	杧果（1个） 酸奶（1杯）	其他水果亦可
午餐	芹菜青椒肉片烩饭（1盘） 虾酱蒸鸡蛋（1小碗）	
晚餐	粗粮菜蔬炖（1大盘） 白灼虾（7~8只）	
加餐	自制黑豆豆浆（1大杯） 葵花子（1小把）	其他坚果亦可

营养标签

餐单食材和烹调方法更加多样，营养全面、丰富，并给孕妇在外就餐提供参考。

专家解读

餐单主食有粗有细。鱼虾（基围虾）、蛋类（鸡蛋）、肉类（猪肉）、奶类（低脂牛奶、酸奶）、大豆类（黄豆、黑豆）、坚果（花生、瓜子）、蔬菜（芹菜、青椒、西蓝花、蘑菇、木耳、青菜、胡萝卜、竹笋）和水果（杧果）一应俱全，烹调方法简便清淡，少油、少盐，有的菜品甚至无须使用油和盐。

奶类每天两次，一次低脂牛奶，一次酸奶，以增加钙的供给，并控制脂肪摄入。奶类、基围虾、鸡蛋、猪肉、黄豆、黑豆、瓜子提供更多蛋白质、维生素A、B族维生素等。芹菜、辣椒、西蓝花、青菜、胡萝卜、竹笋和杧果提供维生素C、胡萝卜素、钾、钙、膳食纤维等。

考虑到烩饭、干蒸等可能会有较多食用油，所以搭配粗粮菜蔬炖、白灼虾等无须用油的菜肴。控制食用油的总摄入量是孕期食谱的重要原则之一。

早餐：干蒸烧卖

干蒸烧卖简称干蒸，是粤式早茶常见的餐点，也出现在供应上班族的早餐外卖店里。干蒸烧卖是用半肥瘦猪肉、虾仁、馄饨皮和鸡蛋为主要原料，以生抽、白糖、盐、鸡粉、胡椒粉、生粉、料酒为配料加工制作而成的。干蒸烧卖用薄面皮裹半露的肉馅料蒸熟，色鲜味美，质地爽润，爽口不腻。

早餐：低脂牛奶

营养分析详见第131页。

加餐：杧果

杧果是最常见的热带水果之一。杧果因具有速生、早产、高产、果实风味独特、营养丰富、经济效益高等特点，使得其生产不断得到发展。目前已成为继葡萄、柑橙、香蕉、苹果之后的世界第五大水果。

杧果营养价值最突出的特点是含β-胡萝卜素非常多，为897微克/100克，远远超过其他常见水果（比如苹果的含量是20微克/100克）。β-胡萝卜素可以转化为维生素A，发挥促进胎儿生长发育的作用，其自身也有抗氧化功能。杧果主要营养素含量见本书附表3。

有部分人会对杧果过敏，尤其是靠近果皮附近的果肉,大多是在吃杧果时唇周皮肤接触到杧果汁液，导致嘴唇红肿、疼痛、皮疹、起水泡，严重的会波及整个脸部和颈部。为避免或减轻过敏症状，可以将杧果切成小块，用牙签等插着放入口中，避免杧果汁液接触皮肤。皮肤敏感的人吃完杧果后应漱口、洗脸，以避免果汁残留。

加餐：酸奶

营养分析详见第45页。

午餐：芹菜青椒肉片烩饭

原料：芹菜、青椒（或甜椒）、瘦猪肉、生抽、糖、水淀粉、花生油各适量。

做法：热锅下油，油热后放入肉片，炒至七成熟时投入芹菜和青椒，继续翻炒并用生抽和糖提鲜，待菜炒熟后放入水淀粉勾芡出锅，然后与白米饭一起拼装盘中即可。

特色点评：只要懂得搭配，无须铺张，一道菜就可以涵盖孕期全面的营养需求。炒菜用油和盐要尽量少，加入生抽之后，不要放盐或少放盐，因为经过勾芡，盐和油将随着芡汁全部拌入米饭。

营养驿站： 盖浇饭、煲仔饭、炒饭、烩饭等都是外出就餐常见的吃法。这盘谷类、肉类和蔬菜兼顾的盖饭，也可作为在外就餐时点餐的参考。不过，在外就餐选择此类吃食时，往往要吃下过多的油和盐。为控制成本又吸引顾客，店家倾向于少放肉类、蛋类和鱼虾，而多放烹调油，并加重调味，这就使得营养价值大大降低。

午餐：虾酱蒸鸡蛋

原料： 蜢子虾酱（或普通虾酱）、鸡蛋、辣椒、葱花各适量。

做法： 蜢子虾酱半勺，鸡蛋1个，与虾酱一起捣匀，加入辣椒丝、葱花搅拌均匀，蒸8分钟左右即可。虾酱一定不能多，否则太咸。

特色点评： 虾酱蒸鸡蛋是最适合佐餐的风味小菜之一，简单方便、风味独特，与面食搭配口感更佳。

营养驿站： 蜢子虾酱是沿海地区常用的调味料之一，是用小虾加入盐，经发酵磨成黏稠的酱状食品。味道很咸，一般都是制成罐装调味品后在市场上出售。有的产品还要加入茴香、花椒、桂皮等香料，以提高风味。

蜢子虾酱或普通虾酱是以高蛋白的虾类为原料制得，含有蛋白质、钙、铁、维生素A等营养素，适量食用有益。虾酱既可以生食，也可以蒸一下作菜肴吃。不过，像虾酱、肉酱之类的腌制食品只宜作为调味品少量食用，不宜多吃。

晚餐：粗粮菜蔬炖

原料：鲜玉米、红薯、蘑菇、木耳、西蓝花、青菜、胡萝卜、竹笋各适量。

做法：玉米、红薯和胡萝卜切较小块；蘑菇、西蓝花、青菜、竹笋切较大块。烧水至沸腾后，放入上述原料，大火煮熟即可出锅。

特色点评：粗粮和蔬菜一起炖煮，食材自选，无须油和盐，百味混杂，别具一格。加一点点盐或者完全不加盐，蘸食芝麻酱或其他酱料亦可。

营养驿站：既然我们可以人为地把食物分为主食和菜品，以菜就饭吃，那么也可以人为地把它们合二为一，混合食用，简单到只需一煮即可。食材上可以有多种变化，鲜玉米、薯芋类、食用菌、蔬菜、豆腐……各种植物性食材随意搭配，但一般不要加入动物性食材，否则会有油脂或膻味，就不太好吃了。

晚餐：白灼虾

原料：基围虾或海虾适量。

做法：虾与冷水一起下锅煮熟，不放任何调料。也可以上笼蒸熟，不放任何调料。

特色点评：白灼虾是最清淡的菜肴之一，无须放任何调料，也不要蘸食酱油、蒜泥等，这样可以深刻品味虾肉品质的高低，同时还避免了不必要的食盐摄入。

营养驿站：基围虾是淡水育种、海水围基养殖的虾，并因此得名，又称麻虾或新对虾。虾是典型的高蛋白、低脂肪水产品，基围虾含蛋白质18.2%，脂肪1.4%；海虾含蛋白质16.8%，脂肪0.6%。两种虾都富含钙、钾、硒，营养价值是水产品中的佼佼者，推荐孕妇经常选用。其主要营养素含量见本书附表4。

加餐：自制黑豆豆浆

原料： 黑豆10克，黄豆10克，花生数粒。

做法： 提前一晚把黄豆、黑豆、花生浸泡在水杯中（天气较热时最好放入冰箱冷藏），次日晨起后，将浸泡好的原料用家庭型全自动豆浆机搅打成豆浆。原料与水的比例约为1：20，或按照豆浆机说明书配比。

特色点评： 自家做豆浆的优势是可以做出各种花样，黑豆浆加花生就是其中的一款。黑豆使豆浆颜色发暗，但味道不受影响，加入花生可使豆浆口感润滑，香气增加。喜欢甜的还可以调入蜂蜜、白糖等。

营养驿站： 像黄豆一样，黑豆也是高蛋白（36%）、高脂肪（15.9%）、淀粉极少的豆类，还富含膳食纤维、低聚糖、B族维生素、钙和钾等，其主要营养素含量见本书附表5。

加餐：葵花子

葵花子是向日葵的果实，俗称“瓜子”，是最常见的休闲零食之一。葵花子含脂肪高达50%，所以只能作为零食少量食用，每天10克～20克（带壳重量为20克～40克）。葵花子主要营养素含量见本书附表7。

孕中期一日营养餐单4		
餐次	餐单	备注
早餐	臊子面（1碗） 自制豆浆（1大杯）	复合维生素1粒
加餐	草莓（7～8个） 酸奶（1杯）	其他水果亦可
午餐	豆浆米饭（1碗） 冬瓜瘦肉咸蛋紫菜汤（1大碗）	
晚餐	牛肉荞麦面（1碗） 鱼丸海鲜青菜汤（1碗）	
加餐	孕妇奶粉1杯（40克） 巴旦木（10颗）	其他奶类或坚果亦可

营养标签

营养搭配合理、食物种类齐全的餐单可能会让惯于简单、快捷饮食的人望而却步，但其实简单快捷的食谱同样可以做到营养全面、丰富，尤其是富含蛋白质、DHA、钙、铁、维生素A、B族维生素、维生素C等重点营养素。

专家解读

该餐单本着简单、快捷的原则设计。冬瓜瘦肉咸蛋紫菜汤和鱼丸海鲜青菜汤只需要简单一煮。主食是面条、豆浆米饭和荞麦面条，粗细搭配，亦不复杂。

奶类（酸奶、孕妇奶粉）、鱼类（鱼丸、虾干）、蛋类（在牛肉面和紫菜汤中）、肉类（猪肉、牛肉）、大豆类（豆浆）、坚果（大杏仁）、蔬菜（冬瓜、青菜、紫菜等）和水果（草莓）等食物一应俱全，并采用少油、少盐的烹调方法。

奶类每天两次，一次孕妇奶粉，一次酸奶，以增加钙的供给。鱼丸、虾干、鸡蛋、鹌鹑蛋、猪肉、牛肉、酸奶、孕妇奶粉、豆浆、巴旦木等高蛋白食物主要提供蛋白质、维生素A、B族维生素等；酸奶、孕妇奶粉和豆浆还提供较多钙；猪肉、牛肉、鱼丸、虾干、孕妇奶粉还提供较多铁、锌等；鱼丸、虾干、蛋黄、亚麻籽油还提供DHA；冬瓜、青菜、草莓则主要提供维生素C、β-胡萝卜素以及钙、钾等。

优孕之选

早餐：臊子面

原料：面条（手工擀制者最佳，退而求其次是切面，挂面亦可）、猪肉、胡萝卜、白萝卜、豇豆、花生油、豆瓣酱、生抽、十三香、料酒、水淀粉、味精各适量。

做法：猪肉、胡萝卜、白萝卜、豇豆等一律切成小丁。热锅下油，先炒肉丁，之后加入调料豆瓣酱、生抽、十三香、料酒等，适量加水烧开，倒进蔬菜丁，混合煮熟后用水淀粉勾芡，加入少许味精，此为“臊子”。面条煮熟，把做好的臊子浇在面条上即可。

特色点评：《舌尖上的中国》介绍了著名的岐山臊子面，虽然是地方名吃，全国大部分地区也可以按照个人习惯、口

味偏好制作出自己喜欢的臊子面。猪肉、牛肉、羊肉均可，还可加入豆腐干、香菇等，汤汁或稠或薄，鲜香浓郁，既开胃又营养。

营养驿站：早餐选用面条是最容易实现营养搭配的捷径。一碗面配以肉类、蛋、虾或大豆制品（如豆干、腐竹）等高蛋白食物，再加入一些绿叶蔬菜、西红柿等，营养素基本齐备，简单方便，还能做出各种风味。

面条到超市买挂面或面饼最省事，但挂面大多加了食盐和碱，即使号称鸡蛋面的，也很可能只是仰仗色素和香料而已。在小市场买切面也有类似的问题，加盐、加碱，且所用面粉质量不高。自家手工擀制面条当然很好，但确实有些麻烦，因此，建议选用家用面条机（见第一章）代替手擀面，方便省事。

早餐：自制豆浆

具体做法见第35页。

加餐：草莓

草莓鲜红艳丽，酸甜可口，色香味俱佳，一般在早春时节上市。草莓中维生素C的含量相当丰富，为47毫克/100克，是水果中的佼佼者。同时也含有其他多种维生素、果胶、有机酸和微量元素等。草莓主要营养素含量见本书附表3。

草莓无法削皮食用，需要仔细清洗。先用清水简单浸泡，然后用流水冲洗。除直接食用外，草莓还可以拌入酸奶、巧克力、炼乳等冷藏后食用。

加餐：酸奶

营养分析详见第45页。

午餐：豆浆米饭

当天喝不完剩余的豆浆可以代替水做米饭，基本过程与普通米饭相同。加入豆浆后，米饭中蛋白质含量增加，口感更好，营养价值提高自不必说。这样既可口又营养的主食，特别适合孕期一试。

午餐：冬瓜瘦肉咸蛋紫菜汤

原料：冬瓜、瘦肉、鹌鹑蛋（熟的）、紫菜、葱花、盐、味精、亚麻籽油各适量。

做法：冬瓜、瘦肉切成粒（瘦肉粒先用开水焯一下），和紫菜一起投入锅中煮，也可以放在电磁炉上定时煮20分钟，最后加入鹌鹑蛋。出锅前滴一些亚麻籽油，用葱花点缀，加盐、味精调味即可。

特色点评：这是既简便又不输营养和味道的一餐，虽然只有一道菜，但营养搭配基本到位。此菜看食材简单、做法简便，但营养丰富、味道可口。冬瓜、紫菜、鹌鹑蛋都是很适合煲汤的食材，辅以瘦肉增香，最后亚麻籽油是点睛之笔。如果换为其他植物油，如花生油、玉米油、大豆油等味道也不错，但营养会稍逊一筹。

营养驿站：亚麻籽油又称亚麻油、胡麻油、亚麻仁油，是以亚麻籽为原料制取的油。根据我国亚麻籽油国家标准（GB/T 8235-2008），其特点是含有大量的α-亚麻酸，大多数产品含量在50%～60%，远超过其他常见植物油（大多数为1%～10%）。α-亚麻酸属于ω-3型多不饱和脂肪酸，它在体内可转化为DHA和EPA。DHA是构成胎儿神经系统的组分之一，对胎儿大脑和视力发育具有重要作用，故而是孕中期和孕晚期应重点关注的营养素之一。

α-亚麻酸的不饱和程度较高，但是不稳定，容易氧化，烟点也低，加热时容易冒烟，所以不适合炒、煎、炸等高温烹调，特别适用于蒸煮、煲汤、凉拌等加热温度不是很高的菜肴。

紫菜的营养分析详见第65页。

晚餐：牛肉荞麦面

原料：荞麦面（超市购买）、鸡蛋、酱牛肉、辣白菜（超市购买）、陈醋、花椒油、香菜各适量。

做法：锅内加水烧开，下荞麦面，煮熟后连汤带面倒入大碗中，再放入辣白菜（泡菜亦可）、酱牛肉（超市购买亦可）和煮好的鸡蛋，倒入适量陈醋和1～2滴花椒油，放上香菜叶装饰即可。若嫌咸味不够，可加入适量日式酱油。

特色点评：这是借鉴荞麦凉面的做法做成的荞麦热面，适合更多的孕妇食用。如果荞麦面煮好后过水冲凉，甚至再用冰箱冷藏一下，就是荞麦凉面了，有些孕妇是可以接受的。荞麦面、酱牛肉、辣白菜（或泡菜）在超市里很容易买到，稍加“组装”即成。如果把花椒油换成山胡椒油，风味更佳。山胡椒油系山胡椒精油与食用植物油稀释勾兑而成的一种调味油，有柠檬的香气，具有除膻去腥、提味增鲜的功效，是一种新型的调味品。

营养驿站：荞麦面是日式或韩式料理中常用的食材，大多是荞麦面粉和小麦面粉混合制成，可算作粗细搭配的主食。荞麦是一种常见的粮食作物，其糖类（碳水化合物）、蛋白质和脂肪含量与面粉接近，但维生素、矿物质、膳食纤维和植物化学物质的含量更多，故营养价值更高。荞麦主要营养素含量见本书附表1。

荞麦面因含有较多纤维以及特殊的胶质蛋白而具有较好的通便作用，受便秘困扰的孕妇可以适当多吃一些。

晚餐：鱼丸海鲜青菜汤

原料：鱼丸（超市购买）、虾干（超市购买）、紫菜、青菜（品种随意）、盐各适量。

做法：把鱼丸、虾干、紫菜和清水一起放入锅中，水开后煮10分钟，再放入青菜煮5分钟，加入盐调味即成。

特色点评：煮汤是最简单的烹调方法，只要选对食材，无须添加更多调味品，甚至无须加油就能煮出食材固有的鲜味。紫菜、鱼丸、虾干、扇贝丁等都是煮汤的上好食材，再配以自己喜欢的蔬菜，可以变换出多种汤菜。

营养驿站：对很多内陆地区的孕妇而言，经常吃鱼，尤其是海鱼、贝类可能并不容易。新鲜水产食材不多，亦不擅长烹饪鱼虾，这时选用一些鱼丸、虾干、海米、干贝、扇贝丁、鱿鱼干、鳗鱼干、沙丁鱼干、银鱼干、烤鱼片、干海蜇等，经简单泡发后用于炒、炖、煲汤、做馅等，是非常值得推荐的选择。这些海产干品在各地大型超市、农贸市场干货区很容易买到。

购买鱼丸的时候，要特别注意产品的质量。超市里很多鱼丸产品质量低下，只含很少的鱼肉，却添加了很多的淀粉、鱼味香料和食用胶，虽然弹性十足，味道也不差，但营养价值很低，最好不要购买。如果有条件自家制作鱼丸或鱼干，那就再好不过了。

加餐：孕妇奶粉

营养分析详见第128页。

加餐：巴旦木

营养分析详见第46页。

孕中期一日营养餐单5		
餐次	餐单	备注
早餐	蔬菜包子（3个） 低脂牛奶1包（250克）	复合维生素1粒
加餐	自制黑豆豆浆（1大杯） 木瓜（半个）	其他水果亦可
午餐	红豆米饭（1碗） 清蒸小鱼（1条） 木耳粉丝羊肉小白菜（1盘）	
晚餐	全麦馒头（1个） 苦瓜炒鸡蛋（半盘） 油菜炒肉（半盘）	
加餐	孕妇奶粉（40克） 核桃（3个）	其他奶类或坚果亦可

营养标签

食物多样，营养全面、丰富，增加蛋白质、DHA、钙、铁等孕中期重点营养素的供应。

专家解读

餐单主食蔬菜包子、红豆米饭、全麦馒头粗细搭配，鱼类（小石斑鱼）、蛋类（鸡蛋）、肉类（猪肉）、奶类（低脂牛奶、孕妇奶粉）、大豆类（豆浆）、坚果（核桃）、蔬菜（小白菜、油菜、苦瓜等）和水果（木瓜）等食物一应俱全，并采用少油、少盐的烹调方法。

奶类每天两次，一次低脂牛奶，一次孕妇奶粉，以增加钙的供给，并控制脂肪摄入。奶类、小石斑鱼、鸡蛋、猪肉、豆浆、核桃提供更多蛋白质、维生素A、B族维生素等。小白菜、苦瓜、油菜和木瓜提供维生素C、胡萝卜素、钾、钙、膳食纤维等。

烹调方法非蒸即炒，比较简单。小白菜包子、苦瓜炒鸡蛋、油菜炒肉、虾酱豇豆都是非常普通的菜肴。

优孕之选

早餐：蔬菜包子

原料：猪后臀尖肉、干香菇、小白菜、富强粉、亚麻籽油、糖、盐、鸡精、料酒、生抽各适量。

做法：首先发面，和面大致比例是富强粉650克、酵母5克（提前用少量温水化开）、温水350毫升，和匀后密封静置约1小时。然后拌肉馅，猪肉剁碎后加入香菇（提前泡发并剁碎）及少量水搅拌，视个人口味加糖、盐、鸡精、料酒、生抽等一起搅拌均匀，腌渍待用。小白菜洗净焯水后剁碎加入腌好的肉馅中。最后用发好的面将腌好的馅包起来，冷水上锅，水开后15分钟即可蒸熟。

特色点评：包子面皮有两种基本形态，发面或不发面。前者用冷水或温水和面，加入酵母发酵，蒸好后口感松软；后者用温水或热水和面，不发酵，蒸好后口感稍硬。包子馅料变化多端，肉类、蛋类、虾类、贝类、蔬菜、菌藻类、大豆制品、食用油等均可入馅。口味也因人而异，鲜香随意，灌汤亦可。一次蒸好一批，放入冰箱储藏，留待早餐加热食用，非常方便。

营养驿站：从最简单的菜包子，到一步三晃的蟹黄包，包子给美食和营养提供了广阔的空间。发酵面皮，有助消化吸收；掺入部分全麦粉，增加粗粮；馅料用瘦肉、虾类或贝类等，增加蛋白质减少脂肪；馅料用小白菜、油菜、菠菜、荠菜等绿叶蔬菜，荤素搭配且增加绿叶菜摄入；蒸包子时温度低于炒菜，适合使用亚麻油、橄榄油、核桃油等不宜高温加热的植物油，有助于食用油多样化。

早餐：低脂牛奶

营养分析详见第131页。

加餐：自制黑豆豆浆

具体做法详见第144页。

加餐：木瓜

木瓜的准确名称应该叫番木瓜，一个“番”字说明它是外来的品种（原产于热带美洲），而不同于原产中国的“木瓜”。后者主要药用，也可以食用，但并不普遍。经常看到对木瓜营养价值和功效的各种争议，都是因为没有搞清楚是何种木瓜。

木瓜营养价值较高，维生素C含量为43毫克/100克，β-胡萝卜素含量为870微克/100克，双双都是水果中的佼佼者，这是非常难得的。木瓜主要营养素含量见本书附表3。除作为水果食用外，木瓜也经常用于烹调菜肴。至于木瓜能丰胸美容的说法，则完全不用当真。

午餐：红豆米饭

具体做法详见第54页。

午餐：清蒸小鱼

原料：小石斑鱼3条，姜丝、葱丝、生抽、料酒、橄榄油各适量。

做法：小石斑鱼处理干净后装盘，鱼身上放姜丝、葱丝，浇上生抽、料酒以及橄榄油，放入电饭煲的蒸屉，随煮饭蒸熟即可。

特色点评：利用电饭煲蒸饭的同时蒸鱼或排骨、鸡块等是一种省时、省力、省电的烹调方法。鱼要新鲜，还要小（大鱼切块亦可），否则放不下。调料提前放好，要体现清淡，突出鱼本身的鲜味。鱼与米饭一起出锅，蒸鱼、煮饭一举两得。

营养驿站：石斑鱼是高蛋白、低脂肪水产品，肉质细嫩洁白，营养价值高（主要营养素含量见本书附表4），属于比较高档的鱼类，在港澳地区被推为我国四大名鱼之一。大的石斑鱼很贵，小的便宜些，适合清淡的烹调。

午餐：木耳粉丝羊肉小白菜

原料： 羊肉片、小白菜、水发木耳、粉丝、香油、花椒、姜、鸡精、盐、白胡椒粉各适量。

做法： 锅内加一碗半水（400毫升左右），再放入几片姜、几粒花椒，煮沸。放入羊肉片，中火再次煮沸，去浮沫后放入水发木耳，煮沸后小火焖1分钟。加1小勺香油，放入切段的小白菜，搅拌均匀，沸腾后小火焖煮半分钟。放入泡软的粉丝，搅拌均匀，煮半分钟，关火，加少量鸡精、盐、白胡椒粉调味即可。

特色点评：烹制绿叶蔬菜的方法有很多，但操作简便、口感美味、营养损失少三者可以兼得的烹调方法莫过于这种“油煮菜”了。与炒菜用油较多不同，上述烹调方法用沸水加少量油，做到了少油烹调。同时，它又与煮菜有区别，不需要很多水（没过所有食材即可），既减少水溶性营养素流失，又让蔬菜纤维吸油变软，改善口感。总而言之，这种“油煮菜”结合了炒、煮、蒸、焖等传统方法的优点。除小白菜外，油菜、茼蒿、莜麦菜、菠菜、生菜等绿叶蔬菜也适用这种方法烹制。

营养驿站：南方很多地区把油菜（“上海青”）称为“小白菜”，然而，在北方，小白菜是不同于油菜的另一种常见绿叶蔬菜，它是大白菜的变种，味道与大白菜（叶）有一些相似。小白菜可煮食或炒食，亦可做成菜汤或者凉拌食用。小白菜富含胡萝卜素和维生素C，含量分别为1680微克/100克和28毫克/100克。小白菜富含钾和钙，含量分别为178毫克/100克和90毫克/100克，故而是营养最丰富的绿叶蔬菜之一。

晚餐：全麦馒头

具体做法详见第50页。

晚餐：苦瓜炒鸡蛋

原料：苦瓜1根，鸡蛋2个，盐、白砂糖、大豆油各适量。

做法：苦瓜切片后焯水，以去除部分苦味（偏爱更苦一点儿的人则无须焯水）。热锅下油，油热后放入鸡蛋液，轻轻翻炒，待鸡蛋成块后放入

苦瓜和白砂糖，继续翻炒至熟，加入盐调味即可出锅。

特色点评：此菜品降低苦瓜苦味的措施主要有加糖、焯水、用冷水浸泡、先炒苦瓜后炒鸡蛋等。故偏爱苦味的人可以不加糖，不焯水，先炒鸡蛋后炒苦瓜。但无论如何，烹调用油一定要少，在很多餐馆，苦瓜煎蛋都要放大量的烹调油，不适合孕妇食用。

营养驿站：苦瓜的苦味来自一类被称为苦瓜甙的复杂化合物。这些化合物在动物实验中表现出一定的药理作用，如降低血糖、刺激免疫细胞等，但在人体中未证实有同样作用。苦瓜含有丰富的维生素和矿物质，维生素C含量高达56毫克/100克，钾256毫克/100克，其他主要营养素含量见本书附表2。

一般认为，苦瓜的苦味具有解暑作用。但是，苦瓜含奎宁，大量食用时会刺激子宫收缩，所以孕妇不宜一次性大量食用苦瓜。每天食用200克左右的苦瓜，对孕妇来说是很安全的，无须担心。

晚餐：油菜炒肉

原料：油菜、瘦肉、葱花、玉米油、姜粉、花椒粉、盐、鸡精各适量。

做法：选用较细小的油菜，择洗干净，沥干水分备用（不用切）。热锅下油，加入葱花、花椒粉爆香，放入瘦肉片翻炒，待颜色变白放入油菜，继续翻炒，出锅前加入姜粉、鸡精和食盐调味即成。

特色点评：绿叶菜炒瘦肉，是烹制绿叶菜的常用方法，虽然味道平淡无奇，但营养价值高，操作简单快捷。在此基础上，还可以增加木耳、香菇等食用菌，以及腐竹、豆腐干等大豆制品，想偷懒的话，连炒鸡蛋也可以掺杂其中，成为一盘大杂烩。

营养驿站：绿叶菜是叶酸、维生素C、胡萝卜素、钙、钾、铁和膳食纤维的重要来源，在孕期膳食中占有重要地位。根据中国营养学会发布的孕期膳食指南，在孕期每天摄入的蔬菜中，绿色、红黄色等深色蔬菜应占总量的2/3，为200克～300克。要完成这一“任务”，每天就得专门烹制绿叶菜菜肴。油菜是营养最为丰富的绿叶菜之一，其主要营养素含量见本书附表2。

加餐：孕妇奶粉

营养分析详见第128页。

加餐：核桃

营养分析详见第57页。

孕中期一日营养餐单6		
餐次	餐单	备注
早餐	阳春面（1碗） 煮鸡蛋（1个） 花生（1小把）	复合维生素1粒
加餐	枣（10个） 孕妇奶粉1杯（40克）	其他水果亦可
午餐	黑米饭（1碗） 卤水蚕豆（1碟） 苦瓜牛肉（1盘）	
晚餐	全麦馒头（1个） 炒芥菜（1盘） 剁椒鱼头（一大块）	
加餐	自制豆浆（1杯） 奶酪（3片）	

营养标签

食物多样，营养全面、丰富，增加蛋白质、DHA、钙、铁等孕中期重点营养素的供应。

专家解读

餐单主食是面条、黑米饭、全麦馒头粗细搭配，鱼类（鲢鱼）、蛋类（鸡蛋）、肉类（牛肉）、奶类（奶酪、孕妇奶粉）、大豆类（豆浆）、坚果（花生）、蔬菜（苦瓜、芥菜、新鲜蚕豆、冬菇等）和水果（大枣）

等食物种类基本齐全，并采用少油、少盐的烹调方法。

奶类每天两次，一次奶酪，一次孕妇奶粉，以增加钙的供给。奶类、鲢鱼、鸡蛋、牛肉、豆浆、花生提供更多蛋白质、维生素A、B族维生素等。苦瓜、芥菜、新鲜蚕豆、冬菇和大枣等提供维生素C、胡萝卜素、钾、钙、膳食纤维等。

晚上加餐之前尚未进食大豆制品，奶类摄入量也不够多，所以加餐要补充这两类食物。但若选用豆浆和酸奶（或牛奶），体积可能偏大，吃不下，于是用奶酪与豆浆配合，补足本日食物种类。这是孕期加餐的重要目的之一，使每日食物种类尽量齐全。

优孕之选

早餐：阳春面

原料：鸡蛋1个，挂面（自制面条更佳）、冬菇、木耳、鸡肉、亚麻籽油、盐、辣椒酱各适量。

做法：鸡蛋煮熟备用。冬菇、木耳、鸡肉分别切丝，与挂面一起煮熟，连汤带面放入碗内。加入煮熟的鸡蛋、辣椒酱（怕辣者可换为其他酱汁）、盐等，最后滴几滴亚麻籽油即可。

特色点评：阳春面又称光面或清汤面，最初是指用最便宜、最简单的面条，不加任何菜肴配料，先把挂面煮熟，连汤带面放入碗内，加入食盐即可。有的会加入少许油脂和葱花。这里还加入了冬菇、木耳、鸡肉、鸡蛋等配料，营养更为全面，味道也不限于“清汤”，只是借用阳春面之名而已。

营养驿站：面条的营养高低主要取决于卤汁或配菜。配菜至少应该有两类，一类是高蛋白的蛋类、肉类或海鲜类，另一类就是蔬菜，尤其是新鲜蔬菜或食用菌。除卤汁外，调味更多地依靠各种酱料，比如辣椒酱、芝麻酱、蘑菇酱、蒜蓉辣酱等。

早餐：煮鸡蛋

营养分析详见第48页。

早餐：花生

花生是最常见的坚果，既可用于榨油，也可直接食用。其蛋白质含量在坚果中名列前茅，营养价值不逊于其他坚果，堪称物美价廉。其主要营养素含量见本书附表7。

加餐：枣

枣的品种繁多，大小不一，口感以甜为主，有些兼具酸味。鲜枣经过晾晒成为干枣，营养成分变化很大。鲜大枣富含维生素C（243毫克/100克），而干大枣含维生素C极少（7毫克/100克），鲜枣的营养价值远远超过干枣。所以这里说的是鲜枣，其主要营养素含量见本书附表3。

建议贫血孕妇（绝大多数是缺铁性贫血）吃枣补血的说法是错误的。不论鲜枣还是干枣都不是补铁、补血的有效食物。虽然枣中铁的含量在水果当中算是比较多的，但像其他植物性食物一样，大枣中的铁吸收率极低，不能被人体很好地利用，干枣比鲜枣更差一些。因此，患有缺铁性贫血的孕妇用吃大枣的方法补血是徒劳的。

此外，枣水分少，含糖量高（30%左右），且升血糖比较快，大枣的血糖生成指数（GI）高达103，几乎是常见食物中最高的。所以高血糖的孕妇不宜选用。

加餐：孕妇奶粉

营养分析详见第128页。

午餐：黑米饭

原料：大米、黑米各适量。

做法：黑米用清水浸泡4～6小时，然后与大米一起淘洗干净，添加适量水放入电饭煲蒸熟即可。

特色点评：很多人喝过黑米粥，却不知黑米也可以做饭。为了与大米一起蒸熟，黑米要提前浸泡几小时，或者提前煮沸10分钟。要做出黑中透红的米饭，黑米的比例不能太高，与大米1：5即可，否则米饭颜色特别黑。当然，如果你喜欢墨黑的米饭，那就无所谓了。

营养驿站：黑米属于糯米类，是黑糯米，外表墨黑。黑米多为糙米，未经精制研磨，是一种粗粮，口感较粗，但营养价值高于白米。黑米富含钾、磷、锌、膳食纤维以及花青素等，主要营养素含量见本书附表1。

午餐：卤水蚕豆

原料：新鲜蚕豆、五香粉、盐各适量。

做法：新鲜蚕豆放入清水中，加五香粉和盐煮熟即可，也可以用卤水汁卤制。

特色点评：开胃小食，刚好与苦瓜牛肉搭配。

营养驿站：蚕豆又称胡豆、佛豆、川豆、倭豆、罗汉豆等。蚕豆鲜品既可以炒菜、凉拌，又可以制成各种小食品，营养丰富。蚕豆水分含量为70.2%，蛋白质含量为8.8%，胡萝卜素含量为310微克/100克，维生素C含量为16毫克/100克，钾的含量为391毫克/100克，其他主要营养素含量见本书附表2。

蚕豆多见于南方各地，北方也有与之类似的食品，那就是毛豆。毛豆是黄豆未成熟时的鲜品，亦常作为开胃小食，营养价值比蚕豆有过之而无不及。水分含量为69.6%，蛋白质含量为13.1%，胡萝卜素含量为130微克/100克，维生素C含量为27毫克/100克，钾的含量为478毫克/100克，其他主要营养素含量见本书附表2。

午餐：苦瓜牛肉

原料：牛肉、苦瓜、嫩肉粉、胡椒粉、大酱、豆豉、橄榄油各适量。

做法：牛肉按照纹络垂直横切成片，用嫩肉粉、胡椒粉腌渍半小时；苦瓜切片。腌好的牛肉和苦瓜片同时下锅，加适量水，再加入大酱、豆豉（或者其他自己喜欢的调料），大火烧开后改小火慢煮，牛肉熟透后加橄榄油，出锅即成。

特色点评：有些菜肴不一定非炒不可，只要食材搭配得当，调料到

位，煮出来的菜肴一样色香味俱全。调料依个人喜好，还可以选南乳、鱼露、辣椒等。煮的火候也可依照个人偏好，多煮一会儿或少煮一会儿均可。一道苦瓜牛肉可以做出多种味道。

营养驿站：肉类与蔬菜混合烹调食用是中式餐饮的一大亮点。这种食用方式有一个鲜为人知的好处，那就是肉类可以促进蔬菜中铁的吸收。牛肉、羊肉、猪肉、鸡肉和鱼肉都有类似作用，除它们本身含有的铁易于吸收外，还能提高其他食物中铁的吸收率。这对预防妊娠期缺铁性贫血大有裨益。

晚餐：全麦馒头

具体做法详见第50页。

晚餐：炒芥菜

原料：芥菜、大蒜、花生油、盐各适量。

做法：芥菜洗净，沥干，可酌情斩成段，不切亦可。热锅下油，油热后加入蒜蓉爆锅，放芥菜和盐急火快炒至熟即成。

特色点评：绿叶菜用蒜蓉炒是最简单的吃法，口味清淡但营养价值高，最宜与荤菜搭配食用。

营养驿站：芥菜是十字花科绿叶蔬菜，在广东地区食用非常普遍。芥菜具有较高的营养价值，维生素C含量为51毫克/100克，胡萝卜素含量为1450微克/100克，其他主要营养素含量见本书附表2。芥菜茎叶脆嫩，口味清香，除清炒外还可以煮汤、凉拌、涮火锅等。

晚餐：剁椒鱼头

原料：鲢鱼头1个，盐、料酒、蒜、姜、豆豉、泡椒、生抽、糖、鸡精、玉米油各适量。

做法：鱼头收拾干净，中间劈开一分为二，把鱼头均匀地抹上盐，淋料酒，放在盘子里腌10分钟左右。蒜、姜、豆豉、泡椒剁碎，下油锅爆香。用生抽、糖、鸡精调成调味汁，倒在鱼盘子里，再在鱼头上铺爆香的蒜、姜、豆豉、剁椒。锅中加水烧开之后，大火上锅蒸8分钟，出锅即可。

特色点评：剁椒鱼头是典型的湘菜，咸、鲜、辣、香，风格迥异。此菜主要用蒸法，口感充足，营养流失少。泡椒是川菜中特有的调味料，色泽红亮、辣而不燥、辣中带酸，一般在超市就可以买到。

营养驿站：鲢鱼又叫白鲢、水鲢、鲢子等，是我国主要的淡水养殖鱼类之一，各地均可买到。鲢鱼肉质鲜嫩，营养丰富，是典型的高蛋白（17.8%）、低脂肪（3.6%）鱼类，富含维生素A、钾、硒等，主要营养素含量见本书附表4。鱼头部分富含脂肪和胶原蛋白，口感香、嫩滑，而且肉比较分散，易于入味，所以鲢鱼头大受欢迎。

加餐：自制豆浆

具体做法详见第35页。

加餐：奶酪

营养分析详见第91页。

孕中期一日营养餐单7		
餐次	餐单	备注
早餐	猪肠粉（3～4块） 牛腩焖萝卜（1小碗） 自制豆浆（1大杯）	复合维生素1粒
加餐	樱桃（一大把） 酸奶（1杯）	其他水果亦可
午餐	红豆米饭（1碗） 轻煎三文鱼（1块） 蒸蛋羹 海带结茭瓜炒肉（1盘）	
晚餐	花卷（1个） 冬菇蒸鸡（数块） 盐水荷兰豆（1盘）	
加餐	鲍鱼果（1小把） 孕妇奶粉1杯（40克）	其他奶类或坚果亦可

营养标签

食物多样，营养全面、丰富，增加蛋白质、DHA、钙、铁等孕中期重点营养素的供应。

专家解读

餐单主食是肠粉（猪肠粉）、红豆米饭、花卷，基本做到了粗细搭配。鱼类（三文鱼）、蛋类（鸡蛋）、肉类（牛肉、鸡肉）、奶类（酸奶、孕妇奶粉）、大豆类（豆浆）、坚果（鲍鱼果）、蔬菜（白萝卜、青椒、茭瓜、海带、冬菇、荷兰豆等）和水果（樱桃）等食物种类齐全，并采用少油、少盐的烹调方法。

奶类每天两次，一次酸奶，一次孕妇奶粉，以增加钙的供给。奶类、三文鱼、鸡蛋、牛肉、鸡肉、豆浆提供更多蛋白质、维生素A、B族维生素等。白萝卜、青椒、茭瓜、海带、冬菇、荷兰豆和樱桃等提供维生素C、胡萝卜素、钾、钙、碘、膳食纤维等。

优孕之选

早餐：猪肠粉

原料：猪肠粉、生抽、辣椒酱各适量。

做法：猪肠粉其实是一种大米制品，和猪肠没有关系，只是形状近似猪肠而已，超市有售，买回家蒸熟切段，浇入少许生抽和辣椒酱即可。

特色点评：猪肠粉是典型的广东小吃，经常作为早餐食用。本书的三位作者20多年前在中山医科大学读营养系时就经常吃这种简单的猪肠粉早餐，写至此处，令人感怀。现在更常见的是猪肠粉里面藏有馅料，可能是叉烧、鱼片、牛肉、虾仁、鸡蛋、荷兰豆等，口感和营养俱佳。

营养驿站：猪肠粉、肠粉、米粉、河粉、米线等都是常见的大米制品，常用来制作风味小吃或便餐。像面条一样，这些大米制品经常也要搭配蔬菜、肉类、鱼虾和蛋类等一起食用，营养才相对均衡。此外，这些大米制品难以家庭制作，只能外出购买，要注意质量。以次充好、非法添加的情况并不少见。

早餐：牛腩焖萝卜

原料：牛腩、白萝卜、青椒、葱、姜、蒜、糖、老抽、生抽、料酒、豆瓣酱、花椒粒、八角（大料）、食盐、油茶子油各适量。

做法：牛腩切成一寸长、半寸宽的块状，用开水焯去血沫。热锅下油，油热后煸香葱、姜、蒜，放入牛腩一起煸炒，依次加入糖、老抽、生抽、料酒、豆瓣酱，翻炒后马上加水、花椒粒和八角，小火焖煮1个半小时。放入切好的萝卜块，待萝卜煮熟并收汁，加少许盐，放入青椒块，略翻炒片刻即可出锅。

特色点评：制作牛腩焖萝卜需要有耐心，作为早餐的话可以提前一晚做好。调料也很重要，否则做不出浓郁的味道。

营养驿站：油茶子油又称茶子油或山茶油，是从油茶树（与茶叶树不是同一树种）的果实中榨取的食用油。它的最大亮点是脂肪酸组成与橄榄油很接近，富含单不饱和脂肪酸——油酸。与橄榄油不同的是，油茶子油必须经过高温精炼（与豆油、花生油等相同），而不能低温榨取。这一方面使得其维生素、矿物质、植物化学物质等营养成分含量不及橄榄油，另一方面也使得其适用范围扩大，煎、炒、烹、炸、煮汤、做馅等，从低温烹调到高温烹调，样样均可。整体而言，油茶子油是一种营养品质较高的食用植物油，常常与橄榄油相提并论。

早餐：自制豆浆

具体做法详见第35页。

加餐：樱桃

樱桃不但外观漂亮惹人喜爱，营养价值也是水果中的佼佼者。其优势主要体现在以下两个方面：

首先，樱桃的红色由复杂的成分形成，其中一种被称为“花青素”的植物化学物质具有很强的抗氧化作用，具有保健价值。樱桃的颜色越深，则花青素的含量越高。所以紫色樱桃抗氧化作用最大，深红色樱桃次之，浅红色樱桃再次一些，黄色樱桃最小。

其次，樱桃中含有较多的铁，含量为5.9毫克/100克（品种不同，含量有差异），远高于其他大多数水果（鲜大枣中铁含量为1.2毫克/100克）。樱桃中β-胡萝卜素含量也比较高，为210微克/100克。樱桃主要营养素含量见本书附表3。

樱桃一次吃太多会使一部分人出现腹胀、腹部不适等消化道症状。当然，这与个人体质有很大关系，有些人即使成盘论斤地吃樱桃也没什么不适。

加餐：酸奶

营养分析详见第45页。

午餐：红豆米饭

具体做法详见第54页。

午餐：轻煎三文鱼

原料：三文鱼1块，洋葱、胡椒粉、海盐（或普通盐）、橄榄油各适量。

做法：三文鱼预先用海盐腌渍1小时。热锅下油，油烧至五成热时放

入洋葱碎爆香，放入三文鱼，用最小火煎，煎至两面全熟，最后撒上胡椒粉即可。

特色点评：三文鱼最知名的吃法是作为生鱼片和寿司生吃，但采用煎、炖、烤等方式烹制同样美味，且更为安全。煎好三文鱼的要点是小火，且油不要太热，也就是一个“轻”字。轻煎时间稍长，使肉质缓慢成熟，脂肪散发香气，味道才能鲜美。

营养驿站：三文鱼也叫撒蒙鱼或萨门鱼，学名鲑鱼，是比较名贵的鱼，鳞小刺少，肉色橙红，肉质细嫩鲜美，口感爽滑鲜香。三文鱼具有较高的营养价值，蛋白质含量约18%，脂肪含量约8%，其中含有较多DHA等特殊类型脂肪酸，有益于胎儿大脑及视力发育。

三文鱼是西餐较常用的鱼类原料之一，主要产于北美、北欧、日本等高纬度冷水海域。中国黑龙江、乌苏里江以及松花江上游出产的大马哈鱼也是鲑鱼的一种，可算作三文鱼的近亲，其主要营养成分见本书附表4。

午餐：蒸蛋羹

具体做法详见第66页。

午餐：海带结茭瓜炒肉

原料：茭瓜1个，海带结、瘦猪肉、葱末、蒜末、生抽、大豆油各适量。

做法：茭瓜和瘦猪肉切片。热锅下油，油热后放入葱末爆香，然后放入肉片翻炒，待肉片变色时放入海带结，继续翻炒几分钟，再放入茭瓜片、生抽和蒜末，翻炒至熟即可出锅。若咸味不够，出锅前可再加一点点盐。

特色点评：海带结、茭瓜和肉片都很平常，生抽是炒好此菜的关键，改用一品鲜酱油更好。大蒜是点睛之笔，没有大蒜则风味欠缺。嫩茭瓜水分含量高，宜急火快炒。海带结一定要长时间浸泡泡软。

营养驿站：茭瓜也叫西葫芦，有时也写成“角瓜”，是最常见的瓜类蔬菜，以小而嫩者口感最佳。茭瓜主要营养素含量见本书附表2。

海带的补碘作用见第74页。除了含有大量碘之外，海带还富含钙、钾、锌等微量元素和膳食纤维。

晚餐：花卷

具体做法详见第41页。

晚餐：冬菇蒸鸡

原料：土鸡半只，冬菇6朵，姜丝、蒜蓉、芡粉、生抽、十三香、料酒、麻油各适量。

做法：土鸡斩件；冬菇预先浸泡，清洗干净后去蒂、切丝。将鸡块、冬菇、姜丝、蒜蓉、芡粉、生抽、十三香、料酒、少许麻油放在一起拌匀，装入碗中，上笼蒸15～25分钟（视鸡肉老嫩）即成。

特色点评：鸡肉与蘑菇、香菇、冬菇等食用菌的搭配非常普遍。此菜舍炖法取蒸法，味道更足，且操作方法简单易行。

营养驿站：鸡肉蛋白质含量与畜肉相当，但脂肪和胆固醇含量较畜肉低，且肉质细嫩，易消化吸收，所以营养价值更高，受到广泛的推荐。中国营养学会编制的孕期膳食宝塔也推荐每天吃50克鸡肉。鸡肉主要营养素含量见附表4。

晚餐：盐水荷兰豆

原料：荷兰豆、盐、亚麻籽油各适量。

做法：先把水烧开，放入荷兰豆、盐及亚麻籽油，煮熟即可。

特色点评：荷兰豆清香爽脆，不要过度加热，以保持鲜脆的口感。

营养驿站：荷兰豆是最常见的鲜豆类蔬菜之一，多与肉类、火腿、腊

肠等搭配炒菜。荷兰豆的营养价值较高，维生素C含量为16毫克/100克，胡萝卜素含量为480微克/100克，其他主要营养素含量见本书附表2。有意思的是，在荷兰它被称为“中国豆”。

加餐：鲍鱼果

鲍鱼果因外形看起来像鲍鱼而得名，其外皮坚硬、果仁特别香脆。鲍鱼果营养丰富，除含有脂肪（66.4%）、蛋白质（14.3%）外，还含胡萝卜素、维生素B_1、维生素B_2、维生素E、铁、锌、硒等营养素，主要营养素含量见本书附表7。鲍鱼果果皮坚硬，自然开口的不多，吃的时候最好借助砸核桃的小榔头或山核桃钳子。

加餐：孕妇奶粉

营养分析详见第128页。

小贴士

烹调中如何减少营养损失

烹调使食物变得能吃、好吃、易于消化吸收，但烹调也不可避免地造成营养素损失，尤其是不恰当的烹调方法，如油炸、长时间炖煮等都会造成营养素大量流失。那么，在烹调中如何尽量减少营养素损失呢？主要应从清洗、切、初加工、腌制、炒、调味、收汁等环节入手。

1. 先洗后切能减少营养素流失。研究表明，先切后洗会导致水溶性维生素、矿物质从切口处流失。

2. 蔬菜要以冲洗为主，浸泡时间不要超过20分钟。蔬菜长时间浸泡、大米反复淘洗等也使水溶性维生素、矿物质流失增加。大米洗1～2遍即可，不要搓洗，建议选购免淘大米。

3. 蔬菜不要切得太细、太碎，否则使表面积增大，与空气中氧的接触增加，加速氧化破坏，加热烹制时也会使汁液流失过多。还要注意现做现切，尽量不要提前切好放置半天再烹制，否则使氧化破坏增加。

4. 焯水时水要多，火要大，以缩短焯水时间，焯水时间越长则营养流失越多。切忌蔬菜与冷水一起下锅煮。

5. 新鲜肉类在下锅烹制前需要上浆挂糊，以减少汁液流失，不但口感更嫩，也减少营养流失。

6. 烹制菜肴或粥品时加碱（面碱、小苏打、嫩肉粉等）增加B族维生素的破坏，加醋则有助于保护B族维生素和维生素C，并促进矿物质消化吸收。

7.油温不要太高，更不要把油烧冒烟，否则会使油脂中的维生素E、胡萝卜素、磷脂、不饱和脂肪酸氧化破坏。

8.炒菜时要加大火力，尽快炒熟，缩短加热时间。如果火力太小，炒菜时间太长，营养流失和破坏增加。

9.放盐要晚不要早。用盐过早，会使蔬菜中的汁液流出过多，不仅损失营养，还会让菜肴塌蔫，口感不再脆嫩。而肉类菜肴如果放盐过早，就会导致肉变硬、不入味且难以消化。

10.勾芡收汁（出锅前加水淀粉）可以回收溶解在菜汤中的营养物质。

第四章 孕晚期每日营养配餐

孕晚期胎儿生长加速，孕妇体重增长也加快，需要更多的营养，特别是蛋白质、DHA、铁、钙等的摄入量都要超过孕中期，因此，孕晚期食谱应重点关注这些营养素，并保证体重正常增长。

孕晚期营养需求及饮食原则

1 孕晚期营养需求特点

孕晚期（孕28周及以后）胎儿生长加速，孕妇体重增长也更快，此时营养需求比孕中期更多，特别是几种关键营养素，如蛋白质、DHA、铁、钙等的推荐摄入量都要超过孕中期。与孕中期相比，孕晚期每天蛋白质要增加15克，钙要增加200毫克，铁要增加5毫克。因此，孕晚期食谱应重点关注这些营养素，并保证体重正常增长。

蛋白质主要由鱼、肉、蛋、奶、大豆制品和坚果提供；DHA主要由鱼虾、蛋黄和亚麻籽油提供；钙主要由奶类、大豆和绿叶蔬菜提供；铁主要由肉类（包括内脏）提供；维生素C主要由新鲜蔬菜水果提供。这些食物在孕中期是食谱重点，到了孕晚期仍旧是食谱重点。

2 孕晚期每日饮食安排

孕晚期体重增长加快，进食量增加，餐单要按一日5餐或6餐设计，包括3次正餐2次（或3次）加餐。不过，另一方面也要防止孕晚期体重增长过快，使母体脂肪大量堆积。孕晚期每天大致进食量如下：谷类、薯类及杂豆类300克～350克（干重，其中粗粮75克～150克，薯类75克～100克）；蔬菜300克～500克；水果200克～400克；鱼、禽、蛋、肉合计200克～250克（生重）；奶制品300克～500克；大豆及坚果30克；植物油25克～30克；盐6克。

1.早餐

早餐可以简便制作，但食物要尽量多样，营养要尽量全面，不但要有谷类或薯类主食，还要有高蛋白的蛋类、奶类、肉类、大豆制品等，蔬菜也是不可或缺的。如果加餐不及时，早餐最好再加坚果、水果等。总之，孕晚期的早餐不能吃得太简单或太少。

2.午餐

如果条件允许，孕晚期中午应尽量在家就餐，以实现良好的食物搭配，摄入均衡而丰富的营养。除粗细搭配的主食外，应该有高蛋白的食物1～2种，蔬菜1～2种，且必须是新鲜的。菜谱至少是一荤一素，或者两个荤素搭配的菜肴。食材品种更多一些，菜肴更丰盛一些就更好了，但烹调油和食盐一定要少，避免油炸、过油和过咸，在外就餐时往往难以做到这一点。

3.晚餐

除非万不得已，孕晚期孕妇应在家吃晚餐，避免外出就餐，减少接触酒、烟、油烟的机会。安排晚餐食谱时，要与午餐和早餐配合，不重样、不遗漏孕晚期重点食物。晚餐应尽量丰盛一些，至少是一荤一素，或者两个荤素搭配的菜肴。要注意少油、少盐，科学烹调，不吃油炸、油腻或太咸的食物。

4.加餐

每天2次加餐对孕晚期来说几乎是必不可少的。本书孕晚期一日餐单仍按3次正餐2次加餐设计，但如果加餐食物2次不能完成，可以分3次吃，也就是在下午再加一餐。

与孕早期和孕中期相比，孕晚期的加餐增加了富含碳水化合物的食物，如谷类和薯类等，以增加能量摄入，满足孕晚期对能量需要的增长。当然，如果孕妇体重增长过多、过快，则应避免食用这些以提供能量为主要目的的加餐食物。

合理加餐既有助于增加进食量，又有助于实现饮食平衡。加餐绝不是随便吃点儿饼干、面包、方便面等充饥，而是要精心选择以促进营养均衡。优先选择奶类、水果、坚果、豆浆等，鸡蛋、薯类、蔬菜以及粗粮都可以作为加餐的食物。

此外，根据中国卫生部2010年发表的《儿童营养性疾病管理技术规范》，为预防先天性佝偻病的发生，妊娠后期为冬春季的妇女宜每天补充维生素D400～1000国际单位（10微克～25微克）。使用维生素AD制剂应避免维生素A中毒，每日维生素A摄入量应小于1万国际单位。

孕晚期一日营养餐单1		
餐次	餐单	备注
早餐	干拌面（1碗） 自制豆浆（1大杯）	复合维生素1粒
加餐	柚子（两大瓣） 低脂牛奶1包（250克） 燕麦片（1小包）	其他水果亦可
午餐	豆沙包（1～2个） 西红柿炒鸡蛋（1盘） 韭菜薹炒肉丝（1盘）	
晚餐	二米饭（1碗） 蒸鲳鱼（1大块） 木耳炒黄瓜（1大盘）	
加餐	孕妇奶粉1杯（40克） 核桃（4个）	其他奶类或坚果亦可

营养标签

食物种类齐全，营养全面、丰富，尤其是富含蛋白质、DHA、钙、铁、维生素A、B族维生素、维生素C等重点营养素。

专家解读

餐单主食是面条、麦片、豆沙包和二米饭，粗细搭配。鱼类（鲳鱼）、蛋类（鸡蛋）、肉类（瘦肉、牛肉）、奶类（低脂牛奶、孕妇奶粉）、大豆类（豆浆）、坚果（核桃）、蔬菜（韭菜薹、西红柿、黄瓜、木耳等）和水果（柚子）一应俱全，并采用少油、少盐的烹调方法。

每天两次奶类，一次低脂牛奶，一次孕妇奶粉，以增加钙的摄入，并避免摄入过多脂肪。

奶类、鲳鱼、鸡蛋、瘦肉、牛肉、豆浆和核桃主要提供蛋白质、维生素A、B族维生素等；猪肉、牛肉、孕妇奶粉还提供较多铁、锌等；鲳鱼、孕妇奶粉、蛋黄还提供DHA；韭菜薹、西红柿、黄瓜和柚子则主要提供维生素C、β-胡萝卜素、钙、钾和膳食纤维等。

优孕之选

早餐：干拌面

原料： 面条、牛肉、洋葱、胡萝卜、生抽、花生油各适量。

做法： 先把面条煮熟，捞出沥干盛于大碗中。牛肉、洋葱、胡萝卜均切碎末。热锅下油，油五成热即放入牛肉、洋葱和胡萝卜煸炒，待牛肉变色烹入适量生抽，翻炒至所有食材变熟，出锅浇在面条上即可。

特色点评： 喜辣者可加入适量辣椒。不怕口气者，就生蒜瓣食用更过瘾。

营养驿站： 拌面所用面条也以自家制作最为适宜。建议选用家用面条机（见第一章）代替手擀面，方便省事。

早餐：自制豆浆

具体做法详见第35页。

加餐：柚子

柚子又名文旦、香栾、臭橙、臭柚等，可以归入柑橘一类，其基本特征和营养价值与柑橘相仿。柚子有沙田柚、蜜柚、文旦柚等多个品种，大多口感清香、酸甜。主要营养素含量见本书附表3。

加餐：低脂牛奶

营养分析详见第131页。

加餐：燕麦片

燕麦含脂肪较其他谷物高，故香味较浓，适合加工成麦片，煮粥食用。纯燕麦片是燕麦粒轧制而成，呈扁平状，直径约相当于黄豆粒，形状完整。经过速食处理的速食燕麦片有些散碎感，但仍能看出其原有形状。燕麦煮出来的粥很黏稠，这与它含有较多的膳食纤维有关。纯燕麦片本身就是全谷，其中不仅含纤维素，整个谷粒都富含可溶的β－葡聚糖，它使燕麦粥具有高黏度的特点。

但要注意，市面上一些大行其道的麦片、营养麦片、早餐麦片并非燕麦片，而是用玉米、大米、麦麸、糯米，再加一定油脂和糖调制出来的，很多根本不含燕麦成分或仅含很少燕麦。这类产品营养价值大大低于燕麦片。我们可以通过标签上的配料表进行鉴别，如果产品配料表中没有燕麦，或者有燕麦但排序不是第一位，那就说明它不是纯燕麦片，不在我们的推荐之列。

午餐：豆沙包

具体做法详见第95页。

午餐：西红柿炒鸡蛋

原料：鸡蛋2个，西红柿2个，白糖、盐、玉米油各适量。

做法：西红柿切小块，鸡蛋打散搅拌成蛋液。热锅下油，油热后倒入蛋液，鸡蛋成块后，放入西红柿、白糖，继续翻炒至西红柿熟，加入盐即可出锅。

特色点评：简单到不能再简单的一道炒菜。鸡蛋和西红柿荤素搭配，营养互补。加入白糖是为了掩盖西红柿的酸味（受热后酸味更重），但不要放太多，

以免菜肴整体变甜。盐要后放，避免西红柿出很多水。盐也不要放入蛋液中，被蛋液包裹后吃不出咸味，导致摄盐过多。

营养驿站：西红柿炒鸡蛋是非常普通的菜肴，只需经过简单的改造就能使营养价值变得不那么普通。比如，用橄榄油或油茶子油代替其他植物油；用低钠盐代替普通食盐；搭配适量木耳、青椒或虾仁一起炒。

午餐：韭菜薹炒肉丝

原料：韭菜薹、瘦猪肉、油茶子油、生抽、十三香各适量。

做法：韭菜薹洗净切段，瘦猪肉切丝。热锅下油，先炒肉，待肉变色后再放韭菜薹一起炒，加入生抽、十三香调味，炒熟出锅。

特色点评：韭菜薹炒熟后味道浓郁，开胃下饭，与瘦猪肉搭配营养全面，也是一款既简便好吃又营养丰富的菜肴。

营养驿站：韭菜薹是韭菜生长到一定阶段时从中央部分长出的细长的茎，顶上开花结实，嫩的可以当菜吃。韭菜薹含大量胡萝卜素，含量为480微克/100克，但维生素C含量较少，仅为1毫克/100克。其他主要营养素含量见本书附表2。

晚餐：二米饭

具体做法详见第37页。

晚餐：蒸鲳鱼

原料：鲳鱼1条，生抽（专门用于蒸鱼的生抽最佳）、料酒、橄榄油、葱丝、姜丝、蒜末各适量。

做法：鲳鱼肉质比较粗厚，蒸制前在鱼身两侧背部多划几刀。鲳鱼置于盘中，放上生抽、料酒、橄榄油、葱丝、姜丝、蒜末，上屉加盖蒸7～9分钟，鱼白眼珠掉出就基本蒸熟了。

特色点评：鲳鱼骨刺较少，鱼腥味不重，适合不大爱吃鱼的人。蒸鱼的方法也很简单，做出美味的关键在调料，除上述常用的调味料之外，加入豆豉、橄榄或普宁豆酱，风味更为独特。当然，蒸鱼好吃的关键是鲳鱼要新鲜。

营养驿站：鲳鱼是一种常见的海鱼，市面上分为金鲳和白鲳，前者更贵一点。鲳鱼蛋白质含量高（18.5%），脂肪含量适中（7.3%），还富含维生素A、钾、硒等。其主要营养素含量见本书附表4。

晚餐：木耳炒黄瓜

原料：黄瓜、木耳、蒜末、酱油、花生油各适量。

做法：油锅烧热，下蒜末后放入黄瓜片翻炒2～3分钟，放入发好的木耳，用酱油或盐调味出锅即可。

特色点评：大蒜是黄瓜很好的味觉伴侣，无论是凉拌拍黄瓜，还是炒黄瓜。黄瓜与木耳简单地一炒，清淡爽脆，蒜香扑鼻。若想在营养方面更上一层楼，还可搭配豆腐干或腐竹。

营养驿站：木耳是最常见的食用菌之一，口感清淡、爽脆，可以炒、煮、煲汤、涮火锅、凉拌等，也可以与其他菜肴搭配。木耳的主要营养素含量见本书附表2。黄瓜也是最普通的蔬菜之一，口感清淡、爽脆，特别适合生吃，炒熟后味道也不错。黄瓜的主要营养素含量见本书附表2。

加餐：孕妇奶粉

营养分析详见第128页。

加餐：核桃

营养分析详见第57页。

孕晚期一日营养餐单2		
餐次	餐单	备注
早餐	牛肉芹菜水饺（10个） 自制豆浆（1大杯）	复合维生素1粒
加餐	梨（1个） 低脂牛奶1包（250克） 蒸紫薯（1个）	其他水果亦可
午餐	二米饭（1碗） 蒜蓉粉丝北极虾（1盘） 炒潺菜（1大盘）	
晚餐	全麦馒头（1个） 菜心木耳炒鸡蛋（1盘） 小炒肉（1碟）	
加餐	孕妇奶粉1杯（40克） 巴旦木（20粒）	其他奶类或坚果亦可

营养标签

食物种类齐全，营养全面、丰富，尤其是富含蛋白质、DHA、钙、铁、维生素A、B族维生素、维生素C等重点营养素。

专家解读

餐单主食是饺子、紫薯、二米饭和馒头，粗细搭配。鱼虾（北极虾）、蛋类（鸡蛋）、肉类（瘦猪肉、牛肉）、奶类（低脂牛奶、孕妇奶粉）、大豆类（豆浆）、坚果（巴旦木）、蔬菜（芹菜、潺菜、辣椒、菜心、木耳等）和水果（梨）一应俱全，并采用少油、少盐的烹调方法。

每天两次奶类，一次低脂牛奶，一次孕妇奶粉，以增加钙的摄入，并避免摄入过多脂肪。奶类、北极虾、鸡蛋、瘦肉、牛肉、豆浆和巴旦木主要提供蛋白质、维生素A、B族维生素等；瘦肉、牛肉、孕妇奶粉还提供较多铁、锌等；北极虾、孕妇奶粉、蛋黄还提供DHA；芹菜、潺菜、辣椒、菜心和梨则主要提供维生素C、β－胡萝卜素、钙、钾、膳食纤维等。

优孕之选

早餐：牛肉芹菜水饺

原料：面粉、牛肉、芹菜、花椒、生抽、料酒、鸡精、姜粉、糖、盐、橄榄油各适量。

做法：牛肉剁碎或搅碎，加少许生抽、糖、鸡精以及温水泡制的花椒水，腌渍备用。凉水和面（两者大致比例1：2）放置备用。芹菜去叶，开水焯一下，切末，加入到腌好的牛肉馅中，再加盐、料酒、姜粉和油拌匀成饺子馅。擀皮包制，开水下锅煮熟即可。

特色点评：对上班族而言，早餐现做饺子显然是来不及的，可以前一天包好放冰箱速冻，第二天早晨起床后现煮，吃多少煮多少，只需几分钟，非常方便。偷懒的人可买速冻水饺，自己包制水饺则营养品质更好。芹菜与牛肉搭配做馅清香可口，营养价值高。

营养驿站：水饺也是实现食物多样化、荤素搭配的便捷手段之一。采用部分全麦粉甚至是荞麦粉，增加粗粮成分；馅料用瘦猪肉、牛肉、羊肉、鱼虾等，增加蛋白质，减少脂肪；馅料可用芹菜、韭菜、青椒、黄瓜、荠菜、白菜、香菇、冬菇等各种蔬菜，荤素搭配；煮饺子时温度低于炒菜，饺子馅适合使用亚麻油、橄榄油、核桃油等不宜高温加热的植物油，有助食用油多样化。

早餐：自制豆浆

具体做法详见第35页。

加餐：梨

梨的品种众多，外表和口味各异，如秋白梨、鸭梨、雪花梨、香梨、南果梨、苹果梨、莱阳梨、巴梨等都是比较常见的品种，它们大多在秋季上市。除维生素C、钾等营养成分外，梨还含有较多膳食纤维，具有较好的通便作用，特别适用于被便秘困扰的孕妇。梨的主要营养素含量见本书附表3。

梨既可生食，也可蒸煮后食用，可以润肺、祛痰止咳。冰糖蒸梨是最常见的食疗方剂。用梨、砂糖和枸橼酸制成的“雪梨膏”更是常用于止咳的OTC药物。

加餐：低脂牛奶

营养分析详见第131页。

加餐：蒸紫薯

紫薯又叫黑薯，薯肉不是寻常的白色或黄色，而是呈紫色至深紫色。像普通红薯一样，紫薯的主要成分也是淀粉，以及少量蛋白质。这一点基本与谷类主食相同，但又富含谷类较少含有的维生素C、胡萝卜素、钾、硒、膳食纤维等重要营养素，兼具蔬菜的特点，所以紫薯营养价值超越普通主食。

说完紫薯的“薯”，再来说说“紫”。紫薯的紫色物质就是近年赫赫有名的花青素。花青素是一类广泛存在于蓝莓、红（紫）葡萄、紫甘蓝、紫茄子和紫薯等紫色蔬菜水果中的黄酮类物质，有很强的抗氧化作用，能清除体内自由基，因而具有一定保健价值。

花青素对孕妇是否有特殊益处目前尚不得而知，但看惯了红薯黄白颜色之后，来一个新奇的“紫红薯”，不免令人开胃不已。除花青素外，紫薯的其他营养成分与普通红薯差别不大。所以如果一时买不到紫薯，用普通红薯做加餐也是很好的选择。

午餐：二米饭

具体做法详见第37页。

午餐：蒜蓉粉丝北极虾

原料： 北极虾100克，小米椒1个，绿尖椒半个，粉丝、蒜末、香油、蒸鱼豉油各适量。

做法： 北极虾自然解冻，控净水。粉丝用冷水泡开，开水煮2～3分钟后过凉。粉丝装盘，摆上北极虾，蒜末、香油、蒸鱼豉油混合均匀，浇在北极虾上。大火蒸5分钟，撒上小米椒和绿尖椒碎即可。

特色点评：市面上的北极虾一般都是熟的，保鲜较好者直接吃就很美味了，无须烹调。这里提供了一种粉丝蒸的烹调方法，换换口味。这种用粉丝蒸的烹调方法也适用于鲜贝类。

营养驿站：北极虾产自北极附近海域，因有淡淡甜味又称“北极甜虾”。北极虾捕捞于北大西洋海域，在海上先煮熟再冷冻分装，以保证运输途中新鲜，每年7～8月捕捞所得为上品。与其他虾类相比，北极虾在营养上更加丰富，特别是它生长于深海，完全属于自然野生虾。

北极虾一定要熟透，且在运输、储存过程中保持冷链（冰冻），否则容易感染副溶血性弧菌，导致肠道感染、腹泻。北极虾一般都会有黑头，这并非是不新鲜，而是在捕捞过程中，北极虾从150多米深海起网时，大气压快速变化，虾头（胃部）破裂，内部浮游生物随之扩散开来，形成隐约的“黑头”，是无害的。有些雌性的虾卵巢内甚至还有成熟的虾籽，这些虾的头部也会因此呈现出深绿色。

午餐：炒潺菜

原料：潺菜、玉米油、干辣椒、生抽各适量。

做法：潺菜洗净沥干。热锅下油，油热后先下干辣椒，然后马上放潺菜翻炒，加生抽调味，再翻炒片刻，出锅即成。

特色点评：爆炒是绿叶菜最简单的烹调方法。一般来讲，使用生抽就无须鸡粉、味精了，因为生抽本身就是提鲜的。

营养驿站：潺菜又名大叶木耳菜，叶子形状有点像芥蓝，碧绿青翠。潺菜嫩叶及嫩梢柔软而滑润，适于滚汤，它富含维生素C、钙和β－胡萝卜素。这种菜不招虫子，无须农药，格外安全。

晚餐：全麦馒头

具体做法详见第50页。

晚餐：菜心木耳炒鸡蛋

原料：鸡蛋2个，菜心、木耳、葱末、姜粉、盐、油茶子油（或其他植物油）各适量。

做法：木耳提前泡发。鸡蛋打散加入葱末搅拌均匀备用。菜心洗净后下开水锅焯八成熟，过凉水沥干切段。热锅下油，油热后倒入鸡蛋液，缓慢翻炒以免煳锅，待鸡蛋块基本成形，放入木耳、菜心段、姜粉、盐，快速翻炒片刻，出锅即成。

特色点评：菜心与鸡蛋同炒，配以木耳的黑色，菜肴色彩艳丽，口味清香。菜心提前焯水断生，去除水分，以便与鸡蛋同时炒熟，且没有水分渗出。

营养驿站：绿叶菜炒鸡蛋是烹制绿叶菜的简单方法之一。鸡蛋含脂肪多，炒后香气重，刚好配合淡淡无味的绿叶菜。其他绿叶菜，如油菜、菠菜、小白菜、苋菜、空心菜、莜麦菜、莴笋叶等也可如法炮制。

晚餐：小炒肉

原料：尖椒、瘦猪肉、生抽、花生油各适量。

做法：热锅下油，先炒猪肉片至六成熟时，放入尖椒丝（若怕辣可混入部分甜椒丝），炒出刺鼻辣味后加入适量生抽调味，继续翻炒，可以加水调整防止煳锅，辣椒和猪肉皆熟即可。

特色点评：开胃菜的首选一定是辣椒炒猪肉。如果吃不了辣也无所谓，可将尖椒改成甜椒，可将尖椒不过其开胃效果就难免打折扣了。

加餐：孕妇奶粉

营养分析详见第128页。

加餐：巴旦木

营养分析详见第46页。

孕晚期一日营养餐单3		
餐次	餐单	备注
早餐	南派炸酱面（或牛腩面）	复合维生素1粒
加餐	菠萝（1大块） 低脂牛奶1包（250克） 煮芋头（1小个）	其他水果亦可
午餐	全麦馒头（1个） 葱爆肉（1小盘） 蒜蓉上海青（1大盘）	
晚餐	玉米面鸡蛋饼（1块） 卷心菜炒肉（1碗） 大葱炒海肠（1小盘）	
加餐	孕妇奶粉1杯（40克） 开心果（1小把）	其他奶类或坚果亦可

营养标签

食物种类齐全，营养全面、丰富，尤其是富含蛋白质、DHA、钙、铁、维生素A、B族维生素、维生素C等重点营养素。

专家解读

餐单主食是面条、全麦馒头、芋头、玉米面等，粗细搭配。海产品（海肠）、蛋类（鸡蛋）、肉类（瘦猪肉）、奶类（低脂牛奶、孕妇奶粉）、坚果（开心果）、蔬菜（大葱、上海青、卷心菜、彩椒等）和水果（菠萝）一应俱全，并采用少油、少盐的烹调方法。

每天两次奶类，一次低脂牛奶，一次孕妇奶粉，以增加钙的摄入，并避免摄入过多脂肪。奶类、海肠、鸡蛋、瘦肉和开心果主要提供蛋白质、维生素A、B族维生素等；瘦肉、海肠、孕妇奶粉还提供较多铁、锌等；孕妇奶粉、蛋黄还提供DHA；大葱、上海青、卷心菜、彩椒和菠萝等则主要提供维生素C、β-胡萝卜素、钙、钾和膳食纤维等。

优孕之选

早餐：南派炸酱面

原料：竹升面或者广东虾子面、瘦肉丝、胡萝卜丝、柱候酱、海鲜酱、南派辣椒酱、蚝油、芡粉各适量。

做法：面条煮熟待用。油锅葱花爆香后，炒肉丝和胡萝卜丝，再将上述酱料、蚝油放入炒匀，兑水焖煮10分钟，然后勾芡收汁，浇在面条上拌匀即可食用。

特色点评：广东的竹升面很细，口感清脆，炸酱微甜，两者口感互相促进。炸酱面习惯跟一碗虾味清汤搭配食用。

营养驿站：竹升面是非常具有广东特色的面食，《舌尖上的中国》专门介绍了广州一家老字号的竹升面。利用竹升面制作的炸酱面、鱼腐面线都是一些早餐店的特色面食。牛腩面则不限于南方，北方很多面食店也有提供。除此之外，早餐店还提供排骨面、大肉面、猪手面、叉烧火腿面等。这些面食如果再搭配少量蔬菜，尤其是绿叶菜，营养就很不错了。除

面食店之外，很多粥店也提供早餐，有各种风味的粥品可供选用。孕妇可以光顾这样的早餐店，选用方便、快捷、别有风味的粥面类营养早餐。

加餐：菠萝

菠萝也叫凤梨，是最常见的热带水果之一。菠萝的外皮很奇特，处理起来需要一些技巧。菠萝糖分含量较高，而且升高血糖的作用较强，血糖生成指数（GI）为66，超过柑橘、苹果、梨、葡萄等常见水果。菠萝主要营养素含量见本书附表3。

吃菠萝时要先在淡盐水中浸泡一会儿再吃，不仅口感更好（咸味强化了甜味），而且防止对口腔黏膜的刺激和一些过敏现象。在广东潮汕沿海一带也有用酱油代替盐水蘸取食用的方法，风味不俗。菠萝含有少量的蛋白酶，具有一点点刺激性并会使少数人过敏。盐水浸泡之后可以消除蛋白酶的这些不良作用。

菠萝蛋白酶亦具有正面作用，分解蛋白质有助消化，而且与肉一起烹煮时，可以使肉类变得软嫩。这也是嫩肉粉的基本原理。

加餐：低脂牛奶

营养分析详见第131页。

加餐：煮芋头

芋头也是一种薯类，含18.1%的淀粉和2.2%的蛋白质，与马铃薯（土豆）非常接近，也可作为主食食用，有饱腹感。又因含有维生素C、胡萝卜素、钾、硒、膳食纤维等营养素，所以其营养价值超越普通主食。芋头主要营养素含量见附表1。芋头的烹调方法类似马铃薯，蒸煮均可，熟后去皮蘸糖或蜂蜜食用。

芋头种类很多，大小不等。选择体形匀称、较结实、没有斑点、肉质细白、切口汁液呈现粉质的就是上品。由于生芋头的黏液中含有皂甙，能刺激皮肤发痒，因此生剥芋头去皮时需小心。经过烹煮后芋头中的皂甙被破坏，不再具有刺激性。

午餐：全麦馒头

具体做法详见第50页。

午餐：葱爆肉

原料：猪肉、大酱（黄豆酱）、大葱、大豆油各适量。

做法：猪肉切片，大葱切段。热锅下油，下葱段爆香，然后放入肉片，炒3分钟左右至肉八成熟时，加入大酱，炒熟出锅。

特色点评：这是典型的北派菜肴，配料用东北大酱和山东大葱最佳，炒出来酱意浓浓，吃起来很过瘾。不过，要注意大酱不宜太多，油锅不宜太热。另外，主料猪肉也可以换为羊肉，烹调方法不变。

营养驿站：羊肉的营养价值与牛肉接近，比猪肉高，可炒、炖、涮锅，也可以烤肉串，不过后者不是我们推荐的烹调方式，因为烤肉容易产生致癌物质。羊肉的主要营养素含量见附表4。

午餐：蒜蓉上海青

原料：上海青（小油菜）、大蒜、油茶子油、盐各适量。

做法：上海青掰开洗净，不用切，沥干备用。热锅下油，油热后放入蒜末爆香，然后放入上海青和盐，翻炒至熟出锅。

特色点评：小油菜本身几乎无味，用蒜爆香后蒜香浓郁。

营养驿站：上海青又叫上海油菜、青菜、小白菜、小油菜、小棠菜（港澳地区），因叶少茎多，菜茎白白的像葫芦瓢，因此也有叫“瓢儿白”或瓢菜、瓶菜的。上海青个头不大，烹调时不用改刀，完整烹调以减少营养素

损失。上海青的幼苗叫“鸡毛菜”。

上海青是十字花科的一种绿叶菜，营养价值与普通油菜相仿，每100克含维生素C10毫克，含钾245毫克，其他主要营养素含量见附表2。

晚餐：玉米面鸡蛋饼

原料：鸡蛋2个，玉米面、面粉、小葱、盐各适量。

做法：把细玉米面和普通面粉（两者比例2：1）分别缓缓放入装有冷水的小盆中，边放边搅拌以免结块，不要太稀也不要太浓稠。鸡蛋搅打成蛋液后也放入面糊中。小葱取叶切碎也放入面糊中，最后加少量盐（喜甜食者可放少量白糖或蜂蜜）混匀。平底不粘锅加热，无须放油，锅热后把面糊直接倒入，以薄薄一层为佳，不要太厚。小火加热4～5分钟（注意不要焦煳），翻过来再把另一面加热3～4分钟（注意不要焦煳）即成。

特色点评：黄玉米加入鸡蛋（蛋黄）后黄色更纯正，加入面粉后口感更细腻，加入葱花、香菜、花椒粉等风味更独特，还可酌情加入白糖和食用油口味更香甜。粗细搭配的主食同样可以做得美味。操作并不复杂，只需要简单的练习就可以成功。

营养驿站：玉米是最常见的粗粮之一，常被加工成玉米面、玉米糁等，适合做粥、烙饼、米饭等。黄色玉米营养价值更胜一筹，含较多胡萝卜素、玉米黄质等，其主要营养素含量见本书附表1。

晚餐：卷心菜炒肉

原料：卷心菜、猪肉、彩椒、葱、姜粉、一品鲜酱油、鸡精、花生油各适量。

做法：卷心菜一切为二，放入水中先清洗两遍，再在水中浸泡10余分钟（浸泡可使卷心菜吸水，口感更脆）后沥干，切成条状。彩椒和猪肉切成丝，备用。热锅下油，油热后放入葱花爆香，放入肉丝略炒，待肉变色后放入卷心菜丝和彩椒丝，并立刻沿着锅边（这一点很重要）倒入一品鲜酱油，加入姜粉、鸡精，大火翻炒，至卷心菜炒熟即可。

特色点评：淡淡无味的卷心菜，经过简单的烹调就变得口感清脆鲜香。喜辣者可用尖椒代替彩椒，风味更足。做好此菜有两步很关键，一个是卷心菜需浸泡吸水；另一个是酱油品质要高，一品鲜最好，普通生抽口感亦可。此外，猪肉丝不宜纯瘦，瘦多肥少较好。

营养驿站：卷心菜是甘蓝最常见的一种，学名叫结球甘蓝，个头有大有小，各地品种不尽相同。卷心菜虽不是绿叶菜，但营养价值不低，维生素C含量为40毫克/100克，钾含量为124毫克/100克。其他主要营养素含量见附表2。

晚餐：大葱炒海肠

原料：海肠、大葱、面酱、玉米油各适量。

做法：海肠买回来将两头剪掉，抛弃内脏清洗干净。热锅下油（油宜少不宜多），油六成热即放入大葱，爆出香味，加入面酱略翻炒，再放入海肠，翻炒片刻即熟，要注意不要炒过头，以免海肠口感老硬。

特色点评：火候刚好的海肠发脆，还有一点点甜味，这是动物界罕见的味道。海肠还有较强的鲜味，据说在百年前还没有味精的时候，鲁菜师傅会把海肠晒干磨成粉，烹制菜肴时用作增鲜剂。大葱可换成韭菜或韭黄，韭菜炒海肠是渤海湾沿海常见的吃法，其烹调过程与上述做法相似，但大多不加面酱，只用盐调味即可。

营养驿站：海肠是一种长圆筒形的软体动物，软乎乎地蠕动，浑身无毛刺，浅黄色。在沿渤海湾地区，是人们经常食用的一种小海鲜，口感爽脆。“韭菜海肠”“海肠水饺”都是这些地区的名菜。海肠也是一种高蛋白、低脂肪的海产品，营养价值较高。

加餐：孕妇奶粉

营养分析详见第128页。

加餐：开心果

营养分析详见第78页。

孕晚期一日营养餐单4		
餐次	餐单	备注
早餐	杂粮粥（1碗） 煮鸡蛋（1个） 拍黄瓜（1碟）	复合维生素1粒
加餐	山竹（4个） 低脂牛奶1包（250克） 蒸红薯（1个）	其他水果亦可
午餐	二米饭（1碗） 煎带鱼（2块） 白灼芦笋（1盘）	
晚餐	豆沙包（1大个） 肉末豆腐（1盘） 广式腊肠炒芥蓝（1盘）	
加餐	孕妇奶粉1杯（40克） 核桃（4颗）	其他奶类或坚果亦可

营养标签

食物种类齐全，营养全面、丰富，尤其是富含蛋白质、DHA、钙、铁、维生素A、B族维生素、维生素C等重点营养素。

专家解读

餐单主食是杂粮粥、二米饭、豆沙包、红薯等，粗细搭配。鱼类（带鱼）、蛋类（鸡蛋）、肉类（瘦猪肉、腊肠）、奶类（低脂牛奶、孕妇奶粉）、大豆类（豆腐）、坚果（核桃）、蔬菜（黄瓜、芦笋、芥蓝等）和水果（山竹）一应俱全，并采用少油、少盐的烹调方法。

每天两次奶类，一次低脂牛奶，一次孕妇奶粉，以增加钙的摄入，并避免摄入过多脂肪。奶类、带鱼、鸡蛋、瘦肉、腊肠、豆腐和核桃主要提供蛋白质、维生素A、B族维生素等；瘦猪肉、带鱼、孕妇奶粉还提供较多铁、锌等；带鱼、孕妇奶粉、蛋黄还提供DHA；黄瓜、芦笋、芥蓝、芝麻酱和山竹则主要提供维生素C、β-胡萝卜素、钙、钾和膳食纤维等。

餐单安排除广式腊肠炒芥蓝外，其他菜肴尤其是早餐，具有鲜明的北方风格。杂粮粥、蒸红薯、煎带鱼、白灼芦笋、肉末豆腐都是北方居民餐桌上的常客。

优孕之选

早餐：杂粮粥

具体做法详见第85页。

早餐：煮鸡蛋

营养分析详见第48页。

早餐：拍黄瓜

原料：黄瓜1根，盐、芝麻酱各适量。

做法：黄瓜用水浸泡，洗净。将黄瓜放在案板上，用刀拍至表面裂开，然后斜切成块状。撒上少许盐和几勺芝麻酱，拌均匀即可。

特色点评：黄瓜通过浸泡充分吸水后很脆。用盐和芝麻酱调味，味道香浓。如果不怕有口气，拍黄瓜中还可以加入蒜末、陈醋、香菜叶等。喜辣者亦可尝试加点儿辣椒酱。

营养驿站：米粥与开胃小菜的搭配可以提高早餐的食欲。黄瓜、萝卜、青椒、洋葱、胡萝卜可以直接生拌，豇豆、蒜薹、甘蓝、腐竹等先煮熟放凉后再拌，都是非常简单的开胃小菜。如果自行腌制或去超市购买泡菜，开胃作用更强。

芝麻酱美味可口，常用于凉菜调味汁、涮羊肉调味酱和拌面条，也用于花卷、烙饼、火烧等面点中。芝麻酱富含蛋白质、脂肪、维生素（维生素E、维生素B_1、烟酸）和矿物质（钙、钾、镁、铁、锌），营养价值较高，特别是钙含量很高，比虾皮含钙还多，25克（1大勺）芝麻酱含钙约200毫克，堪称补钙佳品。

加餐：山竹

山竹也是一种典型的热带水果，又名莽吉柿、山竺、山竹子、凤果等，味道甜美。在东南亚一些国家，榴梿和山竹被视为“夫妻果”，前者为“果王”，后者为“果后”。山竹主要营养素含量见本书附表3。

最初山竹的外果皮色素为绿色，上有红色条纹，接着整体变为红色，最后变为暗紫色，此过程持续十多天，标志着果实完全成熟并可以食用。购买山竹时一定要选蒂绿、果软的新鲜果。手指轻压外壳，如果表皮很硬而且干，手指用力仍无法使表皮凹陷，蒂叶颜色暗沉，表示此山竹已太老；外壳软则表示尚新鲜可食。

加餐：低脂牛奶

营养分析详见第131页。

加餐：蒸红薯

红薯，又称地瓜、山芋、白芋、甘薯、甘红薯、番薯、白薯、甜薯、红芋、红蓣、红苕等。各地习惯称呼不同，品种、大小、外形、颜色都有所不同，但基本成分非常接近，均含较多淀粉（20%左右）和较少蛋白质（1%～2%），富含维生素C和膳食纤维等营养素，蒸煮后既可作为主食食用，又超越普通主食的营养价值。红薯主要营养素含量见附表1。一般红薯上屉蒸，口感比煮更佳。

虽然“红薯是世界卫生组织（WHO）评选出来的十佳蔬菜之首”“日本研究

发现红薯抗癌作用位列第一”等说法要么子虚乌有，要么牵强附会，但是红薯的确是一种值得推荐的食物，既可以当主食，又可以当蔬菜，特别适合孕期加餐食用。不过，红薯又是一种胀气食物，吃得过多会出现腹胀或胃灼热等不适。

除本书介绍的紫薯、芋头、红薯之外，可推荐用于孕期加餐的薯芋类或类似食物还有很多，如马铃薯、豆薯、山药、荸荠、菱角、藕等。它们都含有淀粉，也有蛋白质，营养价值均高于大米、白面，维生素C和钾的含量有些甚至不输于一般水果。

午餐：二米饭

具体做法详见第37页。

午餐：煎带鱼

原料： 带鱼1条，盐、大豆油各适量。

做法： 带鱼处理干净后切段，撒上盐腌渍10余分钟（注意盐不宜放多，否则下锅前要水洗一下，以免太咸）。平底煎锅烧热（不要太热），加少量油，放入带鱼块用小火慢煎，轻轻晃动以免粘锅（动作要轻，否则鱼易碎）。3分钟后，把鱼轻轻翻过来，继续煎3分钟左右至熟，出锅即可。

特色点评：使用平底煎锅，尤其是那种不粘锅，无须太多油即可把带鱼煎好。如果家有烤箱，改煎为烤亦可。但用微波炉则难以烹制出同样的美味。

营养驿站：带鱼又叫刀鱼，体形正如其名，侧扁如带，呈银灰色。带鱼产自沿海各地，现几乎都为养殖。带鱼肉嫩体肥、味道鲜美、食用方便、营养丰富，含17.7%的蛋白质和4.9%的脂肪，属于高蛋白低脂肪鱼类，其他主要营养素含量见附表4。

午餐：白灼芦笋

原料：芦笋、豉汁酱油、亚麻油各适量。

做法：芦笋去硬根，放入开水锅中焯熟，捞出，滴入豉汁酱油和亚麻油即成。

特色点评：白灼是烹制蔬菜的常用方法，特别适合烹制那些味道较淡的蔬菜，如生菜、芥蓝、芦笋、菜心等。豉汁酱油是白灼菜肴调味的首选。

营养驿站：芦笋因其供食用的嫩茎形似芦苇的嫩芽和竹笋而得名，质地鲜嫩、风味鲜美、柔嫩可口，除白灼外，切片后炒、煮、炖、凉拌均可，其主要营养素含量见附表2。

晚餐：豆沙包

具体做法详见第95页。

晚餐：肉末豆腐

原料：豆腐1块，猪肉、豆瓣辣酱、小葱、盐、鸡精、料酒、玉米油、香油、高汤各适量。

做法：猪肉剁成末，豆瓣辣酱也要剁碎。热锅下油，油热后放肉末，倒入料酒，加入豆瓣辣酱炒香，再加入豆腐、盐、鸡精和高汤，焖入味，收干汁，放入葱花和几滴香油即成。

特色点评：豆腐本身淡而无味，往往需要加较多的调味品，辣酱、豆酱都很常用。

营养驿站：豆腐与肉类一起烹调营养价值大增，因为两者所含蛋白质可以互补。豆腐所含大豆蛋白虽然也是一种优质蛋白，但甲硫氨酸的含量偏低，肉类或者蛋类蛋白质恰好含有较多的甲硫氨酸。两者混合食用后，氨基酸模式更符合人体需要，营养价值更高。

晚餐：广式腊肠炒芥蓝

原料：广式腊肠2根，芥蓝、姜、高度白酒、盐、花生油各适量。

做法：腊肠、芥蓝切片备用。热锅下油，油热煸姜，小火翻炒腊肠片。香味溢出后下芥蓝片改大火快炒，沿锅边滴入少许浓香型高度白酒，再加少许盐调整咸淡，炒熟即成。

特色点评：这是一道典型的广东家常菜。广式腊肠味道醇厚、偏甜，但不会太咸，与芥蓝在一起炒算是绝配了。

营养驿站：腊肠是以肉类为主要原料，经切绞成丁，配上辅料，灌入动物肠衣，再经发酵、晾干制成的肉制品，广式腊肠是最具代表性的一种。在加工过程中，要加入适量白酒、白糖、亚硝酸盐、食盐和酱油等，外表看上去比较油润有光泽，与原料所用肥肉有关。

加餐：孕妇奶粉

营养分析详见第128页。

加餐：核桃

营养分析详见第57页。

孕晚期一日营养餐单5		
餐次	餐单	备注
早餐	全麦面包（1小个） 低脂牛奶1包（250克） 拌紫甘蓝（1盘）	复合维生素1粒
加餐	哈密瓜（1大块） 自制豆浆（1杯） 煮玉米（1个）	其他水果亦可
午餐	花卷（1个） 蒸蛋羹（1小碗） 核桃仁拌菠菜（1盘） 豉油鸡（3～4块）	
晚餐	二米饭（1碗） 鱼香茄子煲（半盘） 西蓝花炒虾仁（1小盘）	
加餐	孕妇奶粉1大杯（40克） 西瓜子（1把）	其他奶类或坚果亦可

营养标签

食物种类齐全，营养全面、丰富，尤其是富含蛋白质、DHA、钙、铁、维生素A、B族维生素、维生素C等重点营养素。

专家解读

餐单主食是全麦面包、鲜玉米、花卷、二米饭，粗细搭配。鱼类（咸鱼）、海虾、蛋类（鸡蛋）、肉类（瘦猪肉、鸡肉）、奶类（低脂牛奶、孕妇奶粉）、大豆类（豆浆）、坚果（核桃仁）、蔬菜（紫甘蓝、黄瓜、菠菜、茄子、西蓝花、木耳等）和水果（哈密瓜）一应俱全，并采用少油、少盐的烹调方法。

每天两次奶类，一次低脂牛奶，一次孕妇奶粉，以增加钙的摄入，并避免摄入过多脂肪。奶类、咸鱼、海虾、鸡蛋、瘦猪肉、鸡肉、豆浆和核桃仁主要提供蛋白质、维生素A、B族维生素等；瘦猪肉、鸡肉、孕妇奶粉还提供较多铁、锌等；咸鱼、海虾、孕妇奶粉、蛋黄还提供DHA；紫甘蓝、黄瓜、菠菜、茄子、西蓝花、木耳和哈密瓜则主要提供维生素C、β－胡萝卜素、钙、钾和膳食纤维等。

餐单烹调方法亦多样化，生拌（紫甘蓝）、煮（鲜玉米）、蒸（蛋羹）、炖（豉油鸡）、煲（鱼香茄子）、炒（西蓝花）等，孕期饮食不仅仅是为了完成营养摄入，还要享用美食。

优孕之选

早餐：全麦面包

营养分析详见第92页。

早餐：低脂牛奶

营养分析详见第131页。

早餐：拌紫甘蓝

原料：紫甘蓝、黄瓜、青椒、沙拉汁（蒜蓉辣酱）、亚麻油各适量。

做法：把紫甘蓝叶子掰下来（破碎一点没关系），用清水泡十分钟左右后切丝，与黄瓜丝或青椒丝混合，用沙拉汁或蒜蓉辣酱拌，并加少许亚麻油。

特色点评：紫甘蓝经炒、炖等加热处理后，往往口感会变差，颜色也比较难看，切丝生拌既好吃又健康。用沙拉汁或蒜蓉辣酱比沙拉酱（含脂肪很多）更健康，加入少许亚麻油有助于促进维生素吸收。混入黄瓜丝、青椒丝等可使菜肴颜色更漂亮，口感更丰富。

营养驿站：紫甘蓝又称红甘蓝、赤甘蓝，俗称紫包菜，属于十字花科结球甘蓝的一个变种。紫甘蓝营养价值较高，不但富含维生素C（39毫克/100克）、β-胡萝卜素（110微克/100克）、钙（100毫克/100克）等，含还有大量花青素，具有抗氧化作用。

实际上，花青素也正是紫甘蓝呈紫色的原因。花青素是一类多酚类物质，在不同酸碱条件下呈现不同颜色。在中性条件下是正常的蓝紫色，而偏碱性时会变成蓝色。北方大部分地区水质偏碱性，所以炒紫甘蓝时易变成蓝紫色。在酸性条件下，花青素较为稳定，因此，炒紫甘蓝时加醋有助防止其变色。

加餐：哈密瓜

哈密瓜是一类优良甜瓜品种，原产于新疆，味甜、果实大，以哈密所产最为著名，故称为哈密瓜。哈密瓜中β-胡萝卜素含量高达920微克/100克，堪称水果之最，其他主要营养素含量见本书附表3。

加餐：自制豆浆

具体做法详见第35页。

加餐：煮玉米

玉米又称苞谷、苞米、棒子、玉蜀黍、粟米（粤语）等，是全世界总产量最高的粮食作物。鲜玉米是未完全成熟的玉米鲜品，煮熟即可食用。玉米一般在暑期上市，超市里也常年供应鲜玉米包装产品。鲜玉米按颜色分有白色和黄色两种（偶尔还有紫色的），按味道分有甜和不甜的两种，按口感分有糯（黏）和不糯的两种。

就营养而言，黄色玉米更胜一筹，因为黄玉米中含有较多玉米黄质，玉米黄质是一种类胡萝卜素，具有很好的抗氧化作用。其他营养成分各种鲜玉米基本相仿，孕妇可以根据自己喜好选择。鲜玉米主要营养素含量见附表1。

值得提醒的是，玉米胚乳含有丰富的营养。玉米胚乳就是吃鲜玉米时容易留在玉米芯上或者掉下来的那个黄色的小芽状物，它不但含有玉米黄质，还含有维生素E、B族维生素、β-胡萝卜素、亚油酸等营养成分，是不折不扣的营养宝库，“啃”鲜玉米的时候，不要丢弃它。

除水煮后直接啃食外，鲜玉米还可以穿上竹签烧烤，或把玉米粒扒下来烧汤、煮菜、煮粥、炒饭、凉拌、打浆等，想怎么吃就怎么吃。

午餐：花卷

具体做法详见第41页。

午餐：蒸蛋羹

具体做法详见第66页。

午餐：核桃仁拌菠菜

原料： 菠菜、核桃仁、亚麻籽油、盐、蒜末、酱油、鸡精各适量。

做法： 热水烧开，加入菠菜焯水，捞出沥干水分后切断。热锅下油，蒜末煸香，连油一起倒在菠菜上，加盐、酱油和鸡精拌匀，再加入烤好的核桃仁即可。

特色点评： 坚果入菜是一种很值得推荐的吃法，可以代替或减少烹调油用量。核桃、腰果、花生、松子、南瓜子、芝麻等香味浓郁的坚果都适合入菜增香，有时把坚果打碎食用效果更佳。

营养驿站： 菠菜的营养价值和食用注意事项见第89页；核桃的营养价值见第57页；亚麻籽油的营养价值见第149页。

午餐：豉油鸡

原料：整鸡一只，豉油鸡汁（超市购买）、姜、葱、油茶子油、芝麻油各适量。

做法：在锅里下1汤匙油茶子油（或其他植物油），爆香姜片和葱段，加入豉油鸡汁和清水煮开。把整鸡放进锅里，加盖，用慢火煮开。每隔几分钟就把鸡翻转一次，让鸡身各个部位都着色入味，大约煮20分钟左右，鸡身全部变成深咖啡色。加1茶匙芝麻油，加盖再煮5分钟，离火再把鸡在汤汁中浸5分钟。出锅切块食用。

特色点评：豉油鸡是广东常见的做法。这道菜用料、做法都很简单，味道好，做出来的鸡肉特别嫩滑可口。粤语把生抽酱油叫成豉油，超市可买到现成的豉油鸡汁。

营养驿站：与猪、牛、羊等畜肉相比，鸡肉具有低脂

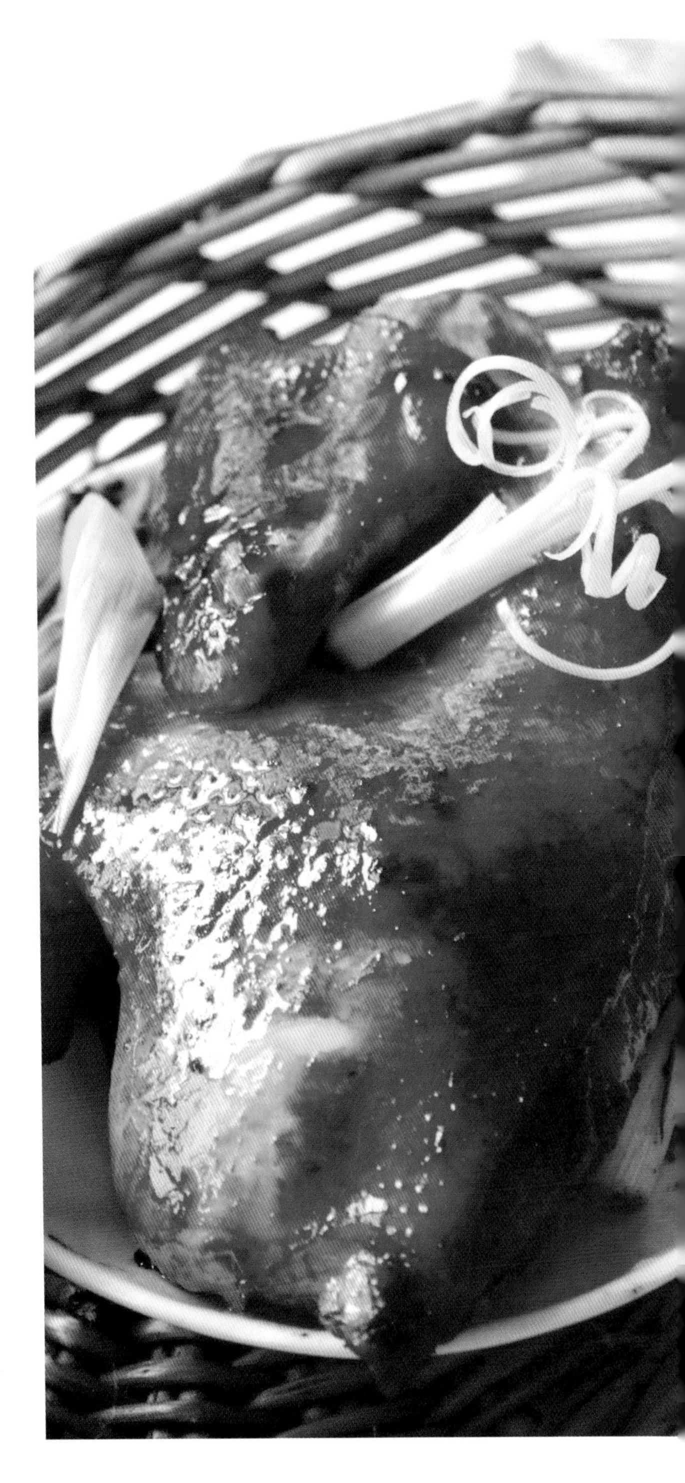

肪、易消化等营养优势，最宜蒸、煮、炒和煲汤，倘若油炸，如炸鸡块、炸鸡腿或炸鸡翅，就增加了脂肪，破坏了营养，得不偿失，因此不在我们的推荐之列。100克鸡翅提供能量240千卡，而100克炸鸡翅提供能量337千卡，显然不利于孕妇控制能量摄入。

晚餐：二米饭

具体做法详见第37页。

晚餐：鱼香茄子煲

原料： 茄子、咸鱼、瘦肉、姜、葱、花生油各适量。

做法： 用普通的砂煲（砂锅）加热后放入花生油，油热后放姜丝、葱丝和咸鱼粒、肉条翻炒片刻，然后放入茄子并添热水（注意一定要用热水，凉水容易导致锅破裂），加盖，小火煨熟茄子即可。

特色点评： 砂煲（砂锅）保温性好，温和加热最适合烹制鱼香茄子。正宗的鱼香茄子煲原料里面是梅香咸鱼，现多用普通咸鱼，当然，瘦肉条、鸡丝等也可以加入其中。喜辣的话可加辣椒。鱼香茄子可以煲出各种不同味道。

营养驿站：咸鱼就是经过盐腌制后晒干的鱼，常见的有鲅鱼（马鲛鱼）、红鱼、金枪鱼（海底鸡）、黄鱼、带鱼（刀鱼）、鳓鱼（曹白鱼）、银鱼等。以前因为没有低温保鲜技术，鱼很容易腐烂，咸鱼是主要的储藏方法。中国古代咸鱼称作“鲍鱼”，成语有云“鲍鱼之肆”。

用不同种类的鲜鱼制作出来的咸鱼，风味和口感各有不同。用同一种鱼制成的咸鱼也有“梅香”和“实肉”之分，前者让鱼发酵后再腌制晒干，后者直接腌制晒干，风味不同。在超市或农贸市场的干货区可以买到各种不同风味的咸鱼。

晚餐：西蓝花炒虾仁

原料：西蓝花、木耳、虾、花椒粉、姜粉、盐、鸡精、玉米油各适量。

做法：木耳泡发好备用。西蓝花分朵后下沸水锅焯至8成熟，捞出沥干备用。海虾与冷水一起下锅煮熟，去皮取虾仁备用。热锅下油，油热后放入西蓝花、木耳、虾仁、花椒粉、姜粉、鸡精和盐翻炒约1分钟（中途可加少许水，以免煳锅）即成。

特色点评：西蓝花、虾仁和木耳，绿、红、黑三种颜色搭配，提前焯水或煮熟，回锅简单炒一下，清淡又富有营养。口味偏重者还可以加入豆豉、辣酱等。此外，原料还可增加胡萝卜、洋葱、青椒、辣椒等，变成一盘炒杂菜。

营养驿站：西蓝花、菜花、蒜薹、紫菜薹、油菜薹等花类蔬菜是蔬菜中的佼佼者，也是最值得推荐的蔬菜种类之一。花类蔬菜是维生素C、β－胡萝卜素、维生素B_1、维生素B_2、钾、钙、镁的良好来源，尤以西蓝花（学名绿菜花）最为出色。

西蓝花维生素C含量很高，β-胡萝卜素含量高达7210微克/100克，堪称蔬菜之最；维生素C含量为51毫克/100克，亦是蔬菜中的佼佼者；西蓝花还富含大量植物化学物质，如胡萝卜素、叶黄素、玉米黄素、类黄酮、硫氰酸酯类等。其他主要营养素含量见附表2。

加餐：孕妇奶粉

营养分析详见第128页。

加餐：西瓜子

营养分析详见第102页。

孕晚期一日营养餐单6		
餐次	餐单	备注
早餐	家常拌面（1盘） 茶叶蛋（1个） 酸奶（1杯）	复合维生素1粒
加餐	石榴（2个） 自制豆浆（1杯） 粗粮饼干（4块）	其他水果亦可
午餐	杂粮米饭（1碗） 牛肉烩三色（1大盘） 蒜泥虾皮（1碟）	
晚餐	全麦馒头（1个） 尖椒扁豆丝（1盘） 白灼鲜鱿（1盘）	
加餐	孕妇奶粉1大杯（40克） 榛子（数个）	其他奶类或坚果亦可

营养标签

食物种类多样、齐全，营养全面、丰富，尤其是富含蛋白质、DHA、钙、铁、维生素A、B族维生素、维生素C等孕中期及孕晚期所需重点营养素。

专家解读

餐单主食有拌面、粗粮饼干、杂粮米饭、馒头，粗细搭配。鱼虾（鱿鱼、虾皮）、蛋类（鸡蛋）、肉类（牛肉）、奶类（酸奶、孕妇奶粉）、大豆类（豆浆）、坚果（榛子）、蔬菜（青椒、茄子、胡萝卜、土豆、鲜扁豆、尖椒）和水果（石榴）一应俱全。菜肴全部采用少油、少盐的烹调方法。

每天两次奶类，一次酸奶，一次孕妇奶粉，以增加钙的摄入，并避免摄入过多脂肪。虾皮亦提供较多钙。奶类、鱿鱼、鸡蛋、牛肉、豆浆和榛子主要提供蛋白质、维生素A、B族维生素等；牛肉、孕妇奶粉提供较多铁、锌等；鱿鱼、孕妇奶粉、蛋黄提供DHA；青椒、茄子、胡萝卜、土豆、鲜扁豆、尖椒和石榴则主要提供维生素C、β-胡萝卜素、钙、钾和膳食纤维等。

家常拌面、茶叶蛋、牛肉土豆胡萝卜青椒、尖椒扁豆丝是很家常的菜肴，蒜泥虾皮、白灼鱿鱼则是比较讨巧的吃法。

优孕之选

早餐：家常拌面

原料：面条（自制最佳，购买粗粮挂面亦可）、瘦肉、葱、青椒、茄子、一品鲜酱油、玉米油各适量。

做法：水烧开，先把面条煮熟，捞出过凉水（不必凉透）、沥干备用。瘦肉、青椒、茄子和葱都切末。热锅下油，油热后加入葱爆香，放入肉末翻炒，肉色变白后加入一品鲜酱油、青椒末、茄子末，炒熟出锅，浇

在面条上，搅拌均匀后即可食用。

特色点评： 简单方便、精心搭配，既快捷又富于营养。面条以自家制作（面条机见第一章）为最好，可以使用全麦粉，面中还可加入鸡蛋。为了炒出味道并缩短时间，瘦肉、青椒、茄子或者自己喜爱的其他蔬菜一律切碎。一品鲜酱油至关重要，喜辣者可以用豆瓣辣酱代替。

早餐：茶叶蛋

茶叶蛋在煮制过程中加入茶叶，别有风味。因其做法简单，携带方便，多在车站、街头巷尾、游客行人较多的场所置小锅现煮现卖，物美价廉。自家制作茶叶蛋也非常简单，配料除红茶外，还可加入八角（大料）、桂皮、花椒、十三香、白糖、酱油、料酒、食盐等，全凭个人口味喜好。

早餐：酸奶

营养分析详见第57页。

加餐：石榴

石榴的营养成分与其他常见水果相仿，主要提供维生素C、B族维生素、有机酸、糖类、钾、膳食纤维等，其主要营养素含量见本书附表3。

石榴色彩鲜艳、籽多饱满，在一些地区被用作喜庆水果，讨个彩头。不过，石榴吃起来比较麻烦，需要一点点技巧。薄薄削去上下两端，到刚露出籽的程度，然后顺着鼓起的棱用刀轻轻划开外皮，用手一掰，把石榴分成几块，然后就可以轻松吃到其中的籽了。

加餐：自制豆浆

具体做法详见第35页。

加餐：粗粮饼干

我们本来不想推荐饼干，因为绝大多数饼干产品不够健康，但饼干又的确是不少孕妇经常加餐的食物，好吃又方便，所以这里选择粗粮饼干，并顺便介绍一下饼干这类食品。

首先看一款普通饼干标签上的配料表：小麦粉、巧克力颗粒（白砂糖、氢化植物油、可可粉、葡萄糖、乳化剂、香兰素）、植物起酥油、白砂糖、食用盐、乳清粉、膨松剂、食用香精、柠檬酸、焦糖色。在主要原料小麦粉之后，其配料中先后出现白砂糖、葡萄糖、氢化植物油、植物起酥油、食用盐以及多种食品添加剂（乳化剂、香兰素、膨松剂、食用香精、柠檬酸、焦糖色）。白砂糖、葡萄糖和各种食品添加剂自不必说，氢化植物油和植物起酥油都含有需要控制的反式脂肪酸，对胎儿有潜在的不良影响。因此，这种饼干虽然好吃，但其实不太适合孕妇食用。

如果你仔细查看饼干产品的配料表，就会发现其基本成分大同小异，离不开糖或糖浆、氢化植物油（或起酥油）、香精、色素、膨松剂等。有的虽然没使用氢化植物油，但添加了牛油、黄油或棕榈油（精炼植物油），营养也好不到哪儿去。高能量、高脂肪、低蛋白就是饼干的营养特点。

有些饼干配料中添加了少量牛奶、坚果、粗粮或豆类成分，其营养价值有所提高，粗粮饼干即为其中一例。粗粮饼干是指原料全部或部分选用粗粮（如全麦粉、玉米粉、燕麦粉等）的饼干，其膳食纤维和B族维生素的含量有所增加。选购粗粮饼干的时候，一定要注意其配料表中粗粮的排位。因为各种配料均按加入量比例由多到少（递减顺序）排列，所以只有粗粮排在第一、第二位时才说明粗粮比例较大，否则就名不副实了。此外，含有蔬菜、咸味或甜味较淡、脂肪含量较低、口感脆而不酥的粗粮饼干比较健康。

粗粮饼干同样也要添加糖、油脂和各种食品添加剂，所以并非健康食品。与之相仿的是苏打（梳打）饼干，因为添加了碳酸氢钠（小苏打）并且发酵，更有利于消化，但还是要添加糖、油脂和各种食品添加剂。总之，饼干无论怎么改善，说到底还是不太健康的食品，孕妇只宜少吃。

食品标签配料表往往能告诉消费者关于该食品的重要信息，孕妇在选用包装食品时，应高度重视配料表及营养成分表，有关营养成分表的小技巧见本章最后的小贴士。

午餐：杂粮米饭

原料：大米、玉米糁、芸豆各适量。

做法：芸豆提前浸泡8小时备用，如果来不及浸泡，可以提前下锅开水煮15分钟。把大米、玉米糁和浸泡好的芸豆混合，加适量水，放入电饭煲中按照做正常米饭的程序操作即可。

特色点评：杂粮饭细中有粗，颜色和口感更丰富，营养价值更高。玉米糁（颗粒较细小）换成玉米楂(颗粒较粗大）亦可，但玉米楂也需要提前浸泡数小时，以便与大米一起煮熟。

营养驿站：二米饭、杂粮粥、红豆饭、绿豆饭、杂豆饭、杂粮饭……名字各不相同，但基本原则相同，就是在普通白米饭的基础上加入各种粗粮，以达到中国营养学会孕期膳食宝塔推荐的粗粮占主食的1/5。最重要的或许不是加什么粗粮，加几种粗粮，而是要尽量少吃纯白的米饭，逢做米饭必加各色粗粮，种类随意。但要注意，除小米外，杂豆类、燕麦米、大麦米、玉米、高粱米等粗粮均需要提前浸泡数小时或煮沸十余分钟，才能与大米在电饭煲中一起煮熟。

午餐：牛肉烩三色

原料：牛肉、土豆、胡萝卜、青椒、花椒、八角、姜、葱、白糖、盐、鸡精、生抽各适量。

做法：牛肉切块后放入高压锅内，加适量水和生抽、花椒、八角、姜、葱、白糖，加热，使高压锅煮沸后冒汽7～8分钟，关火，冷却后备用。土豆和胡萝卜均切块，与煮熟的牛肉及适量肉汤一起另起锅加热炖煮，待土豆接近熟透时（5分钟左右）放入青椒块和盐、鸡精，继续炖煮1分钟左右收汁即可。可随个人喜好加小葱和香菜后再出锅。全部过程无须用烹调油。

特色点评：为避免牛肉口感老硬，宜选用略带肥肉的部分。因带肥肉的牛肉脂肪含量较高，高压锅煮熟后汤厚味浓，无须再加烹调油即可保证菜肴浓香十足。土豆炖牛肉是非常经典的菜品，加入胡萝卜和青椒使颜色和口感更丰富，营养价值更高。注意青椒易熟，故不要加入太早，更不要与土豆和胡萝卜一起下锅炖煮。喜辣者还可以把青椒换为尖椒。

营养驿站：胡萝卜是营养价值最高的蔬菜之一，其β－胡萝卜素含量高达4.0毫克/100克，α－胡萝卜素含量为3.48毫克/100克，都是蔬菜中的佼佼者。胡萝卜中维生素C、钙、钾的含量也不低，主要营养素含量见本书附表2。

因为胡萝卜中各种类胡萝卜素含量都很高，它们都是黄色、橘黄色或橘红色化合物，进食量较大时可以使皮肤染黄。一般来说，这种黄染是无害的，对胎儿也未发现有什么危害，但仍不建议孕妇连续大量摄入胡萝卜。当然，有些孕妇担心吃胡萝卜会使胎儿皮肤变黄或者不够白，也是毫无道理的。

午餐：蒜泥虾皮

原料：虾皮、大蒜、香油、老陈醋、味精各适量。

做法：用蒜臼子捣好蒜泥后与虾皮混合，拌入味精、老陈醋和香油即可。

特色点评：开胃小菜，还能补充钙和蛋白质。

营养驿站：虾皮是用毛虾加工制成的。毛虾用网捕上来后就地晒干加工，因虾小且肉坚实的干制品很易使人感觉似虾皮，故而得名。虾皮中钙含量特别高，接近1000毫克/100克，几乎是所有日常食物中的冠军，所以常作为补钙食品。虾皮其他营养素含量见本书附表4。与紫菜相仿，虾皮也适合做汤、做馅等。

市场上出售的虾皮有两种，一种是生晒虾皮（白色），另一种是熟煮虾皮（淡红色）。前者鲜味浓，口感好，不易发潮霉变，可长期存放。不论哪种虾皮，均以大小均匀、饱满，色泽清澈、软硬适中、有鲜味（或略带腥味）无腥臭味者为最佳。

晚餐：全麦馒头

具体做法详见第50页。

晚餐：尖椒扁豆丝

原料：新鲜扁豆、尖椒、生抽、十三香、油茶子油（或其他植物油）各适量。

做法：扁豆、尖椒切丝备用。热锅下油，油热后放入扁豆丝、尖椒丝煸炒片刻后，加入生抽、十三香继续翻炒（如果太干可加少量水）至熟。如果咸味不足，出锅前可加少许食盐。

特色点评：辣椒与新鲜扁豆的配合，非常开胃。不喜辣者，可以用青椒代替尖椒，再加入适量蒜末调味。

营养驿站：扁豆也是常见的鲜豆类蔬菜之一，营养价值较高，维生素C含量为13毫克/100克，胡萝卜素为150微克/100克，钾为178毫克/100克。其他主要营养素含量见本书附表2。

像其他豆科植物一样，生扁豆含有红细胞凝集素等有毒物质，吃生扁豆可引起食物中毒。所以扁豆必须彻底煮熟方可食用。

晚餐：白灼鲜鱿

原料：新鲜鱿鱼、芥末、酱油各适量。

做法：新鲜鱿鱼清洗处理后切成圈。锅内加水用大火烧开（水要多一些），放入切好的鱿鱼圈白灼，快速煮熟（一般不超过半分钟）后捞出。蘸芥末酱油食用。

特色点评： 如果没烹制过鱿鱼，你就感受不到烹调带给食物的神奇变化。白灼鱿鱼的关键是火候恰当，既不要煮过头，又不要煮不熟，但主要是避免煮过头导致鱿鱼口感变硬。酱汁的搭配也很有讲究，芥末酱油、海鲜汁或姜汁等均可，以不掩盖鱿鱼的鲜香和软脆为佳。

营养驿站： 鱿鱼并不是鱼，而是生活在海洋中的软体动物——乌贼的一种。市面上的鱿鱼主要有两种，一种比较肥大，一种比较细长，前者的干制品就是“鱿鱼干”。鱿鱼营养丰富，像其他海鲜一样高蛋白、低脂肪，鲜品蛋白质含量为17.4%，脂肪为1.6%，其他主要营养素含量见本书附表4。需要注意的是，鱿鱼含胆固醇268毫克/100克，含量较高，所以一般不主张经常大量食用。

加餐：孕妇奶粉

营养分析详见第128页。

加餐：榛子

榛子是榛树的果实，形似栗子，外壳坚硬，果仁肥白而圆，有香气，含油脂量很大，炒熟后脂肪含量约为50%，故吃起来特别香。榛子的蛋白质含量也很高，约为30%，

还富含维生素和矿物质，营养价值很高。其主要营养素含量见本书附表7。

市面上的榛子有小榛子（包括毛榛子和平榛子）和进口大榛子，小榛子的口感较好，香味纯正；大榛子多从土耳其或美国进口，色泽好、个头大，但味道比较淡。

孕晚期一日营养餐单7		
餐次	餐单	备注
早餐	麻辣面（1碗） 自制豆浆（1杯） 咸鸭蛋（1个）	复合维生素1粒
加餐	榴梿（1大块） 全麦面包（1小个） 低脂牛奶1包（250克）	其他水果亦可
午餐	杂豆米饭（1碗） 黑椒牛肉（1小盘） 茼蒿虾仁（1小盘） 裙带菠菜汤（1碗）	
晚餐	花卷（1个） 盐水鸡肝（1小块） 菜花青椒炒肉片（1大盘）	
加餐	孕妇奶粉1杯（40克） 碧根果（数个）	其他奶类或坚果亦可

营养标签

食物种类多样、齐全，营养全面、丰富，尤其是富含蛋白质、DHA、钙、铁、维生素A、B族维生素、维生素C等孕中期及孕晚期所需重点营养素。

专家解读

餐单主食有面条、全麦面包、杂豆米饭、花卷，粗细搭配。鱼虾（虾仁）、蛋类（鸭蛋）、肉类（牛肉、鸡肝、瘦肉）、奶类（低脂牛奶、孕妇奶粉）、大豆类（豆浆）、坚果（碧根果）、蔬菜（青菜、洋葱、土豆、茼蒿、裙带菜、菠菜、菜花、青椒）和水果（榴梿）一应俱全，菜肴多采用少油、少盐的烹调方法。

每天两次奶类，一次低脂牛奶，一次孕妇奶粉，以增加钙的摄入，并避免摄入过多脂肪。奶类、虾仁、鸭蛋、牛肉、瘦肉、鸡肝、豆浆和碧根果主要提供蛋白质、维生素A、B族维生素等；虾仁、牛肉、瘦肉和鸡肝还提供丰富的铁、锌等；孕妇奶粉、蛋黄还提供DHA；青菜、洋葱、土豆、茼蒿、裙带菜、菠菜、菜花、青椒和榴莲则主要提供维生素C、β-胡萝卜素、钙、钾和膳食纤维等。

优孕之选

早餐：麻辣面

原料：面条、青菜、生抽、醋、味精、糖、辣椒油、花椒油、葱花各适量。

做法：事先调好生抽、醋、味精、糖、辣椒油、花椒油、葱花备用。面条煮好后（面条快熟时在锅里下适量自己喜欢吃的青菜），先把适量煮面汤水冲入调料碗中，再把煮熟的面条和青菜拌入其中。搭配豆浆和咸鸭蛋食用。

特色点评：这是一碗颇能提神的面食，不需要付出多少时间就可以得到满足的早餐。当然，也可以随自己的喜好调成清淡的味道。

营养驿站：很多人误以为孕期饮食只能是清淡寡味

的，其实孕妇真正需要控制的是盐和油，而不是味道。麻辣、糖醋、香辛（姜、葱、蒜）对正常孕妇，特别是孕中期和孕晚期而言是安全的，并无害处。

早餐：自制豆浆

具体做法详见第35页。

早餐：咸鸭蛋

鸭蛋的营养价值与鸡蛋比较接近，是优质蛋白、磷脂、胆固醇、各种维生素和微量元素的重要来源。鸭蛋主要营养素含量见本书附表4。

人工圈养下的鸭蛋蛋黄呈浅黄色，而散养下的蛋黄常常呈红色（与食用藻类有关）。一些不法商贩为了利用人们对红心鸭蛋的喜爱牟取利益，在饲料中添加苏丹红以达到生产红心鸭蛋的目的。因此，消费者在购买红心鸭蛋时，要格外注意。

加餐：榴梿

榴梿是东南亚最著名的热带水果，其外形很奇特，椭圆形，足球大小，果皮外面是木质状硬壳，布满密密麻麻的三角形刺。更奇特的是榴梿的味道，闻起来像臭鸡蛋，吃起来像臭豆腐。初尝榴梿感觉有异味，有人因此退避三舍；再食则清凉甜美，回味甚佳，有人因此“上瘾”。榴梿特有的味道比较浓烈，以至于不少地方的旅馆、火车、飞机等公共场所都严禁带榴莲入内。

榴莲的成分也是水果中的另类。除含较多的糖类（约30%）外，还含有较多的脂肪（3%～4%），这在水果中几乎是绝无仅有的，再加上3%左右的蛋白质，使得榴莲的能量十足，每100克榴莲提供能量约150千卡，与同重量的鸡蛋或瘦肉的能量相当。因此，榴莲不宜多食。当然，像其他水果一样，榴莲也富含多种维生素和矿物质，榴莲主要营养素含量见本书附表3。

值得一提的是，近年榴莲酥大行其道，但绝大多数榴莲酥并不含或仅含很少榴莲果肉，其恰到好处的榴莲味道完全来自榴莲香精，加之含有大量脂肪（特别是反式脂肪酸）和添加剂，营养价值极低。因此，我们建议孕妇不要食用。

加餐：全麦面包

营养分析详见第92页。

加餐：低脂牛奶

营养分析详见第131页。

午餐：杂豆米饭

原料：大米、绿豆、红豆、黑豆各适量（大致比例4∶1∶1∶1）。

做法：绿豆、红豆和黑豆提前浸泡10小时，与大米一起放入电饭煲，过程与做普通米饭相同。如果来不及浸泡豆子，可以先把三种豆子放入电饭煲中煮开20分钟，再加入大米焖制米饭。

特色点评：米饭粗粮化即加入各种杂粮、杂豆是本书推荐餐单的一大亮点。

营养驿站：各种豆类富含蛋白质、膳食纤维、B族维生素，整体营养价值比大米、面粉高，而且升血糖作用较弱，既有助于增加营养摄入，又有助于防治妊娠期糖尿病。

午餐：黑椒牛肉

原料：牛肉、洋葱、土豆、黑胡椒汁、糖、生抽、花生油各适量。

做法：洋葱切块，土豆切厚片备用。热锅下油，放入洋葱略炒，再放入牛肉、土豆翻炒，加入糖、生抽略炒，加水焖煮20分钟，出锅前5分钟加入黑胡椒汁，收汁即成。

特色点评：风味独特、香气浓郁、营养丰富。这道菜操作简单，几种原料混合煮熟即可，关键是黑胡椒汁的使用恰到好处。

营养驿站：洋葱是一种备受推崇的蔬菜，其维生素C含量为8毫克/100克，胡萝卜素为20微克/100克，钾为147毫克/100克，膳食纤维为0.9克/100克，虽然其基本营养素含量并不很高，但其所含硫化物具有很好的健康效益，如促进消化、杀菌、提高免疫力、降血脂等。洋葱主要营养素含量见本书附表2。

午餐：茼蒿虾仁

原料：茼蒿、虾仁、蒜蓉、盐、鸡精、亚麻籽油各适量。

做法：茼蒿洗净切段后用开水焯一下，虾仁开背去虾线；分别将茼蒿、虾仁用开水烫熟。热锅下油，油稍热后蒜蓉爆锅，放入茼蒿、虾仁，再加入盐和鸡精，大火翻炒即可。

特色点评：茼蒿焯水可以去除一些水分并快速变熟。虾要开背去虾线，减少腥味。经过这些预处理之后，烹制过程以调味为主，包括蒜蓉爆香，鸡精增鲜等。爱吃辣的人，还可以调入辣味。

营养驿站：茼蒿是一种很有特点的绿叶（嫩茎）蔬菜，有特殊清香气味，别名甚多，如同蒿、蓬蒿、蒿菜、塘蒿、蒿子秆、蒿子等，又因其开花很像野菊，所以又名菊花菜。茼蒿特别适合涮锅、炒、做汤等。

茼蒿富含胡萝卜素（1510微克/100克）、维生素C（18毫克/100

克）、钾（220毫克/100克）和钙（73毫克/100克）。值得注意的是，茼蒿含较多钠（161毫克/100克），有一点点咸味，因此，烹调时要少放盐。

午餐：裙带菠菜汤

原料： 干裙带菜（紫菜亦可）、菠菜、葱、姜、盐、亚麻籽油各适量。

做法： 干裙带菜用清水泡发。菠菜洗净后焯水，捞出沥干备用。另起锅烧水（加入姜片），水烧开后放入裙带菜、菠菜（可以切段也可不切）煮沸，加入亚麻籽油、盐和葱花，出锅即可。如有干虾、虾皮或海米等亦可加入。

特色点评： 裙带菜煮后口感与菠菜相似，都比较润滑，两者很适合搭配做汤。最重要的是简单快捷，裙带菜泡发只需数分钟，焯菠菜、烧汤等也用不了几分钟。

营养驿站： 裙带菜是海带的近亲，通常生长于潮线4米～6米以下的水中礁盘上，随着海浪而起伏，像古代仕女的裙带，所以把它叫作裙带菜，在大连和山东沿海也称之为海菜或海芥菜。在沿海地区能买到鲜品或盐渍产品，在内陆的很多超市也能买到干品，有的干裙带菜产品包装上叫“海木耳”。裙带菜是最受日本人欢迎的食品之一，在日本消费量很大。

裙带菜和海带相比，小而薄，口感更软、更细嫩，适合做汤、炒菜或炖煮，比海带更好吃一些。裙带菜的营养价值则与海带类似，除富含维生素和矿物质外，还含有较多褐藻多糖，褐藻多糖具有通便、降血脂、提高免疫力等保健价值。

晚餐：花卷

具体做法详见第41页。

晚餐：盐水鸡肝

原料：鸡肝、葱、姜、一品鲜酱油、料酒、桂皮各适量。

做法：锅中加入葱、姜、一品鲜酱油、料酒、桂皮，调制出小卤水，放入鸡肝，中火煮20分钟，待鸡肝熟后（用竹签扎入鸡肝当中，没有血水冒出）即可。

特色点评：“卤”的烹调方法非常简单，适合烹制肝脏、鸡爪、猪蹄、腰子等多种荤食。

营养驿站：鸡肝维生素A的含量比猪肝高1倍，新鲜猪肝每100克含维生素A4972微克，而每100克鸡肝含维生素A10414微克，所以吃鸡肝要比猪肝好。每周吃1次，每次吃40克～50克（鲜重）即可。鸡肝、猪肝、羊肝等动物肝脏对备孕女性、孕妇、乳母和婴幼儿都是推荐的食材，既可以补充叶酸和铁，又可以补充蛋白质和维生素A。但一定要购买新鲜、安全卫生的动物肝脏，推荐去大超市买知名品牌的产品。

晚餐：菜花青椒炒肉片

原料：菜花、青椒、瘦猪肉、花椒、葱花、姜粉、生抽、盐、鸡精、玉米油各适量。

做法：菜花分朵后下沸水锅焯至七成熟，捞出沥干；青椒切小块；瘦猪肉切片。热锅下油，油六成热（不要太热）即放入花椒、葱花和瘦猪肉翻炒爆香，瘦猪肉变色后放入青椒、菜花和少许生抽继续翻炒1～2分钟，加入姜粉、少许盐和鸡精调味后即成。

特色点评：简单快捷的家庭式菜肴，菜花的平淡中夹杂着青椒的清香，肉片、生抽、花椒、姜粉、鸡精衬托其味道。需要注意的是，生抽不宜多，只需淡淡的、若有若无的一层，使白与绿的搭配更自然，味道更醇香。

营养驿站：焯水是烹制蔬菜时常用的方法，虽然在焯水过程中会流失一些水溶性营养素，如维生素C等，但能缩短炒制加热时间，减少温度对营养素的破坏，所以整体而言焯水并不增加营养素损失。另一方面，焯水有助于去除蔬菜中可能存在的有害物质，如农药残留，或菠菜、苋菜、竹笋等含有的草酸，草酸会干扰钙、铁等矿物质吸收。焯水还可达到快速断生的效果，使不同质地的蔬菜同步炒熟。

加餐：孕妇奶粉

营养分析详见第128页。

加餐：碧根果

碧根果（美国山核桃）又称长寿果。碧根（Pecan）是原产于北美洲的一种山核桃属植物。剥开后的果肉与核桃有点像，核仁肥大，味甜而香，但其脂肪含量比核桃更多，达74.3%，蛋白质略低，为9.5%，其他主要营养素含量见本书附表7。

碧根果脂肪含量还不是坚果中最多的，含脂肪最多的坚果是夏威夷果（澳洲坚果），其脂肪含量高达76.1%，其他主要营养素含量见本书附表7。夏威夷果香酥滑嫩可口，有独特的奶油香味，但因为高脂肪高能量，像长寿果一样只宜少吃。

小贴士

包装食品配料中的不健康因素

不仅饼干，孕妇选用其他包装食品时也要注意配料表，包装食品配料表能给消费者提供非常有用的信息。孕妇应重点关注以下几种原料：

1.各种油脂，如植物油、精炼植物油、氢化植物油、植物起酥油、植物黄油（奶油）、棕榈油、椰子油等。

添加油脂后，食品的脂肪和能量大增。氢化植物油、植物起酥油、植物黄油等含有较多反式脂肪酸，对血脂有不良影响。棕榈油（有的产品用“精炼植物油”打马虎眼）、椰子油、动物油等含有较多饱和脂肪酸，也对血脂不利。实际上，在配料表中添加花生油、大豆油、玉米油、橄榄油等健康油脂的食品少之又少。

2.钠，包括食盐（氯化钠）、苯甲酸钠、磷酸钠、糖酸氢钠、谷氨酸钠、亚硝酸盐、异维生素C钠等所有钠盐。

食品中不同来源的钠盐作用不同，有的调味，有的防腐，有的提高稳定性，有的上色，但有一点是共同的，它们都会影响血压，对防治妊娠高血压有害。

3.各种糖类，如白砂糖、葡萄糖、麦芽糖（饴糖）、果葡糖浆、麦芽糖浆、糊精、淀粉等。

这些糖类不但没有什么营养价值，而且除白砂糖外，其他糖类都具有较高的血糖生成指数（GI），会给妊娠期血糖带来不良影响，尤其是糊精、淀粉等添加量通常较大（增加重量和体积），升高血糖的作用更为强烈。

4.胶质添加物，如卡拉胶、黄原胶、瓜尔豆胶、刺槐豆胶、海藻胶（海藻酸钠）、琼脂、魔芋胶、食用明胶等。

现在添加各种胶的食品，如饮料、肉制品、酸奶、奶制品、果冻、火腿肠、零食等越来越流行。加胶的作用是使饮料、酸奶或奶制品浓稠（增稠）、果冻成形、火腿肠富于弹性和光滑度等。添加到食品中的胶可以分为两类，一类是植物来源的，如卡拉胶、黄原胶、瓜尔豆胶、刺槐豆胶、海藻胶等，另一类是动物来源的，如食用明胶等。前者一般难以消化吸收，后者消化后成为氨基酸，虽然营养价值不高，但安全无害。

5.营养添加物，如蛋白质、卵磷脂、各种维生素和矿物质等。

有时候包装食品中也会添加一些具有重要营养价值的原料，如鸡蛋、奶粉、乳清粉、维生素C、B族维生素、维生素E、胡萝卜素、钙盐、铁盐、锌盐等。这些添加物能提高该食品的营养品质。

6.其他食品添加剂，如色素、香精、防腐剂、人工甜味剂、增稠剂、乳化剂、塑化剂等。虽然这些食品添加剂在正规应用的情况下对母子健康无害，但是它们几乎没有任何营养价值，建议孕妇尽量少食用，尤其是那些添加剂很多，营养很少的加工食品。

附录

表1　谷类、杂豆类、薯类主要营养素含量表（以100克可食部计）

食物	能量（千卡）	蛋白质（克）	脂肪（克）	糖类（克）	膳食纤维（克）	维生素A（微克当量）	维生素C（毫克）	钙（毫克）	钾（毫克）	铁（毫克）	锌（毫克）
小米	358	9.0	3.1	75.1	1.6	17	—	41	284	5.1	1.87
米粉（干）	346	8.0	0.1	78.3	0.1	—	—	—	43	1.4	2.27
燕麦片	367	15.0	6.7	66.9	5.3	—	—	186	214	7.0	2.59
大麦	307	10.2	1.4	73.3	9.9	—	—	66	49	6.4	4.36
糯米	348	7.3	1.0	78.3	0.8	—	—	26	137	1.4	1.54
荞麦	324	9.3	2.3	73.0	6.5	3	—	47	401	6.2	3.62
黑米	333	9.4	2.5	72.2	3.9	—	—	12	256	1.6	3.80
芋头	79	2.2	0.2	18.1	1.0	27	6	36	378	1.0	0.49
红小豆	309	20.2	0.6	63.4	7.7	13	—	74	860	7.4	2.20
红芸豆	314	21.4	1.3	62.5	8.3	30	—	176	1215	5.4	2.07
绿豆	316	21.6	0.8	62.0	6.4	22	—	81	787	6.5	2.18
红薯	99	1.1	0.2	24.7	1.6	125	26	23	130	0.5	0.15
鲜玉米	106	4.0	1.2	22.8	2.9	—	16	—	238	1.1	0.90
玉米面（黄）	341	8.1	3.3	75.2	5.6	7	—	22	249	3.2	1.42

注①除特别说明者外，附表内食物营养素含量数据均摘自《中国食物成分表2002和2004》（中国疾病预防控制中心营养与食

品安全所编著，北京大学医学出版社出版）。②谷类、豆类、蔬菜和水果等植物性食物中基本不含维生素A，但含有β-胡萝卜素，

后者可以转化为维生素A（当量），转化的大致比例是6：1。③符号“—”代表未测定；“---”代表未检出；“Tr”代表微量。

表2　蔬菜主要营养素含量表（以100克可食部计）

食物	能量（千卡）	蛋白质（克）	脂肪（克）	糖类（克）	膳食纤维（克）	维生素A（微克当量）	维生素C（毫克）	钙（毫克）	钾（毫克）	铁（毫克）	锌（毫克）
西红柿	19	0.9	0.2	4.0	0.5	92	19	10	163	0.4	0.13
油菜	23	1.8	0.5	3.8	1.1	103	36	108	210	1.2	0.33
青椒	22	1.0	0.2	5.4	1.4	57	72	14	142	0.8	0.19
生菜（叶用莴苣）	13	1.3	0.3	2.0	0.7	298	13	34	170	0.9	0.27
菜花	24	2.1	0.2	4.6	1.2	5	61	23	200	1.1	0.38
西蓝花	33	4.1	0.6	4.3	1.6	1202	51	67	17	1.0	0.78
红菜薹	41	2.9	2.5	2.7	0.9	13	57	26	221	2.5	0.90
芹菜	14	0.8	0.1	3.9	1.4	10	12	48	154	0.8	0.46
黄瓜	15	0.8	0.2	2.9	0.5	15	9	24	102	0.5	0.18
苦瓜	19	1.0	0.1	4.9	1.4	17	56	14	256	0.7	0.36
茭瓜（西葫芦）	18	0.8	0.2	3.8	0.6	5	6	15	92	0.3	0.12
四季豆	28	2.0	0.4	5.7	1.5	35	6	42	123	1.5	0.23
豇豆（新鲜）	29	2.9	0.3	5.9	2.3	42	19	27	112	0.5	0.54
蚕豆（新鲜）	104	8.8	0.4	19.5	3.1	52	16	16	391	3.5	1.37
毛豆（新鲜）	123	13.1	5.0	10.5	4.0	22	27	135	478	3.5	1.73
荷兰豆	27	2.5	0.3	4.9	1.4	80	16	51	116	0.9	0.50
扁豆（新鲜）	37	2.7	0.2	8.2	2.1	25	13	38	178	1.9	0.72
莴笋	14	1.0	0.1	2.8	0.6	25	4	23	212	0.9	0.33
菠菜	24	2.6	0.3	4.5	1.7	487	32	66	311	2.9	0.85
冬瓜	11	0.4	0.2	2.6	0.7	13	18	19	78	0.2	0.07
绿豆芽	18	2.1	0.1	2.9	0.8	3	6	9	68	0.6	0.35
节瓜	12	0.6	0.1	3.4	1.2	—	39	4	40	0.1	0.08
菜心	25	2.8	0.5	4.0	1.7	160	44	96	236	2.8	0.87
芦笋	19	1.4	0.1	4.9	1.9	17	45	10	213	1.4	0.41
鱼腥草	—	—	—	0.3	0.3	575	70	123	718	9.8	0.99
韭菜薹	33	2.2	0.1	7.8	1.9	80	1	11	121	4.2	1.34
蒜薹	61	2.0	0.1	15.4	2.5	80	1	19	161	4.2	1.04

续表

食物	能量（千卡）	蛋白质（克）	脂肪（克）	糖类（克）	膳食纤维（克）	维生素A（微克当量）	维生素C（毫克）	钙（毫克）	钾（毫克）	铁（毫克）	锌（毫克）
上海青（瓢儿白）	15	1.7	0.2	3.2	1.6	200	10	59	245	1.8	0.54
卷心菜（结球甘蓝）	22	1.5	0.2	4.6	1.0	12	40	49	124	0.6	0.25
芥菜	24	2.5	0.4	3.6	1.0	242	51	80	210	1.5	0.5
胡萝卜	43	1.4	0.2	10.2	1.3	668	16	32	193	0.5	0.14
洋葱	39	1.1	0.2	9.0	0.9	3	8	24	147	0.6	0.23
香菇	19	2.2	0.3	5.2	3.3	–	1	2	20	0.3	0.66
紫菜（干）	207	26.7	1.1	44.1	21.6	228	2	264	1796	54.9	2.47
木耳（干）	205	12.1	1.5	65.6	29.9	17	–	247	757	97.4	3.18
金针菇	26	2.4	0.4	6.0	2.7	5	2	–	195	1.4	0.39
荸荠	59	1.2	0.2	14.2	1.1	3	7	4	306	0.6	0.34

表3　水果主要营养素含量表（以100克可食部计）

食物	能量（千卡）	蛋白质（克）	脂肪（克）	糖类（克）	膳食纤维（克）	维生素A（微克当量）	维生素C（毫克）	钙（毫克）	钾（毫克）	铁（毫克）	锌（毫克）
香蕉	91	1.4	0.2	22.0	1.2	10	8	7	256	0.4	0.18
猕猴桃	56	0.8	0.6	14.5	2.6	22	62	27	144	1.2	0.57
葡萄	43	0.5	0.2	10.3	0.4	8	25	5	104	0.4	0.18
苹果	52	0.2	0.2	13.5	1.2	3	4	4	119	0.6	0.19
柑橘	51	0.7	0.2	11.9	0.4	148	28	35	154	0.2	0.08
西瓜	25	0.6	0.1	5.8	0.3	75	6	8	87	0.3	0.10
香瓜	26	0.4	0.1	6.2	0.4	5	15	14	139	0.7	0.09
草莓	30	1.0	0.2	7.1	1.1	5	47	18	131	1.8	0.14
桃	48	0.9	0.1	12.2	1.3	3	7	6	166	0.8	0.34
杧果	32	0.6	0.2	8.3	1.3	150	23	Tr	138	0.2	0.09
木瓜	27	0.4	0.1	7.0	0.8	145	43	17	18	0.2	0.25
鲜枣（大）	122	1.1	0.3	30.5	1.9	40	243	22	375	1.2	1.52
干枣（大）	298	2.1	0.4	81.1	9.5	—	7	54	185	2.1	0.45
樱桃	46	1.1	0.2	10.2	0.3	35	10	11	232	0.4	0.23
柚子	41	0.8	0.2	9.5	0.4	2	23	4	119	0.3	0.40
梨	44	0.4	0.2	13.3	3.1	6	6	9	92	0.5	0.46
菠萝	41	0.5	0.1	10.8	1.3	3	18	12	113	0.6	0.14
哈密瓜	34	0.5	0.1	7.9	0.2	153	12	4	190	---	0.13
石榴	63	1.4	0.2	18.7	4.8	—	9	9	231	0.3	0.19
山竹	69	0.4	0.2	18.0	1.5	Tr	1.2	11	48	0.3	0.06
榴梿	147	2.6	3.3	28.3	1.7	3	2.8	4	261	0.3	0.16

表4　肉类、蛋类和鱼类主要营养素含量表（以100克可食部计）

食物	能量（千卡）	蛋白质（克）	脂肪（克）	糖类（克）	膳食纤维（克）	维生素A（微克当量）	维生素C（毫克）	钙（毫克）	钾（毫克）	铁（毫克）	锌（毫克）
鸡蛋	144	13.3	8.8	2.8	—	234	—	56	154	2.0	1.10
鸭蛋	180	12.6	13.0	3.1	—	261	—	62	135	2.9	1.67
鹌鹑蛋	160	12.8	11.1	2.1	—	337	—	47	138	3.2	1.61
鲈鱼	105	18.6	3.4	0	—	19	—	138	205	2.0	2.83
草鱼	113	16.6	5.2	0	—	11	—	38	312	0.8	0.87
石斑鱼	85	18.5	1.2	0	—	26	—	152	313	0.7	0.80
杂色鲍鱼	84	12.6	0.8	6.6	—	24	—	266	136	22.6	1.75
蛤蜊	62	10.1	1.1	2.8	—	21	—	133	140	10.9	2.38
虾皮	153	30.7	2.2	2.5	—	19	—	991	617	6.7	1.93
梭子蟹	95	15.9	3.1	0.9	—	121	—	280	208	2.5	5.50
基围虾	101	18.2	1.4	3.9	—	—	—	83	250	2.0	1.18
海虾	79	16.8	0.6	1.5	—	---	—	146	228	3.0	1.44
鲢鱼	104	17.8	3.6	0	—	20	—	53	277	1.4	1.17
鲳鱼	140	18.5	7.3	0	—	24	—	46	328	1.1	0.80
鲅鱼	121	21.2	3.1	2.1	—	19	—	35	370	0.8	1.39
带鱼	127	17.7	4.9	3.1	—	29	—	28	280	1.2	0.70
大马哈鱼	139	17.2	7.8	0	—	45	—	13	361	0.3	1.11
鱿鱼（鲜）	84	17.4	1.6	0	—	35	—	44	290	0.9	2.38
猪大排	264	18.3	20.4	1.7	—	12	—	8	274	0.8	1.72
牛肉（肥瘦）	125	19.9	4.2	2.0	—	7	—	23	216	3.3	4.73
鸭肉	240	15.5	19.7	0.2	—	52	—	6	191	2.2	1.33
猪小排	278	16.7	23.1	0.7	—	5	—	14	230	1.4	3.36
羊肉（肥瘦）	203	19.0	14.1	0	—	22	—	6	232	2.3	3.22
鸡肉	167	19.3	9.4	1.3	—	48	—	9	251	1.4	1.09
猪肝（新鲜）	129	19.3	3.5	5.0	—	4972	20	6	235	22.6	5.78
煮、卤猪肝	203	26.4	8.3	5.6	—	4200	—	68	188	2.0	0.35
木耳（干）	205	12.1	1.5	65.6	29.9	17	-	247	757	97.4	3.18

表5 大豆制品主要营养素含量表（以100克可食部计）

食物	能量（千卡）	蛋白质（克）	脂肪（克）	糖类（克）	膳食纤维（克）	维生素A（微克当量）	维生素C（毫克）	钙（毫克）	钾（毫克）	铁（毫克）	锌（毫克）
黄豆	359	35.0	16.0	34.2	15.5	37	—	191	1503	8.2	3.34
黑豆	381	36.0	15.9	33.6	10.2	5	—	224	1377	7.0	4.18
豆腐	81	8.1	3.7	4.2	0.4	—	—	164	125	1.9	1.11
豆腐干	140	16.2	3.6	11.5	0.8	—	—	308	140	4.9	1.76

表6 奶类主要营养素含量表（以100克可食部计）

食物	能量（千卡）	蛋白质（克）	脂肪（克）	糖类（克）	膳食纤维（克）	维生素A（微克当量）	维生素C（毫克）	钙（毫克）	钾（毫克）	铁（毫克）	锌（毫克）
酸奶	72	2.5	2.7	9.3	—	26	1	118	150	0.4	0.53
奶酪（干酪）	328	25.7	23.5	3.5	—	152	—	799	75	2.4	6.97
牛奶	54	3.0	3.2	3.4	—	24	1	104	109	0.3	0.42

表7 坚果主要营养素含量表（以100克可食部计）

食物	能量（千卡）	蛋白质（克）	脂肪（克）	糖类（克）	膳食纤维（克）	维生素A（微克当量）	维生素C（毫克）	钙（毫克）	钾（毫克）	铁（毫克）	锌（毫克）
大杏仁	503	19.9	42.9	27.8	18.5	—	26	49	169	1.2	4.06
核桃	627	14.9	58.8	19.1	9.5	5	1	56	385	2.7	2.17
开心果	567	20.95	44.82	—	9.9	—	—	107	—	4.03	2.34
西瓜子（炒）	573	32.7	44.8	14.2	4.5	—	---	28	612	8.2	6.76
葵花子（炒）	616	22.6	52.8	17.3	4.8	5	---	72	491	6.1	5.91
花生（炒）	589	21.7	48.0	23.8	6.3	10	---	47	563	1.5	2.03
鲍鱼果	656	14.32	66.43	—	7.5	—	—	160	—	2.43	4.06
榛子（炒）	594	30.5	50.3	13.1	8.2	12	---	815	686	5.1	3.75
长寿果（碧根果）	710	9.50	74.27	—	9.4	—	—	72	—	2.80	5.07
夏威夷果	718	7.79	76.08	—	8.0	—	—	70	—	2.65	1.29

注：开心果、鲍鱼果、长寿果和夏威夷果的数据摘自美国食物成分数据库。

表8 其他食物主要营养素含量表（以100克可食部计）

食物	能量（千卡）	蛋白质（克）	脂肪（克）	糖类（克）	膳食纤维（克）	维生素A（微克当量）	维生素C（毫克）	钙（毫克）	钾（毫克）	铁（毫克）	锌（毫克）
郫县辣酱	89	4.0	1.0	24.8	8.9	173	—	106	585	11.8	0.56